U0247300

21 世纪的
时间简史

THE KEY

TO UNDERSTANDING

THE UNIVERSE

黑洞

Brian Cox
[英] 布莱恩·考克斯

耿率博　张建东　尹倩青　译

Jeff Forshaw
[英] 杰夫·福修　著

湖南科学技术出版社·长沙

BLACK HOLES

中国国家地理 · 图书
CHINESE NATIONAL GEOGRAPHY

目录

1. 黑洞简史

A Brief History of Black Holes

我们认识到有某种东西是我们无法洞悉的，只能以最原始的形式才能感受到其最深刻的理性和最灿烂的美——正是这种认识和情感构成了真正的宗教情怀。从这个意义上讲，也只有从这个意义上讲，我是一个深具宗教信仰的人。●阿尔伯特·爱因斯坦

在银河系的中心，存在着一个宇宙结构的扭曲，它是由比我们的太阳重 400 万倍的东西造成的。在它附近，空间和时间都发生了弯曲，光线如果冒险靠近它，在距离小于 1200 万千米时就会被困住。这个有去无回的区

黑洞

域范围由事件视界（event horizon）所确定。之所以被称为事件视界，是因为该区域内部发生的任何事件都与外面的宇宙永远隔绝。至少当这个名字被创造出来的时候，我们是这么认为的。我们将银河系中心的这个东西命名为人马座A*，读作"人马座A星"，它是一个超大质量黑洞。

黑洞位于那些质量最大的恒星曾经闪耀的地方，在星系的中心，同时也在我们目前认知的边缘。它们是在引力的作用下，由大量的物质坍缩到一个足够小的空间而自然形成的。然而，尽管我们用自然法则预测了黑洞，却未能充分描述它们。物理学家在他们的职业生涯中一直都在搜寻问题、进行实验，以寻找一切无法用已知定律来解释的东西。如今我们已经发现了越来越多的黑洞，神奇的是，每一个黑洞都是由大自然进行的、我们无法解释的实验。这意味着有一些深层的东西我们还没有发现。

对黑洞的现代研究始于爱因斯坦在1915年发表的广义相对论。这个已有超百年历史的引力理论引发了两个惊人的预言："第一，大质量恒星的最终命运是坍缩于事件视界之内，进而形成一个黑洞，其中包含一个奇点；第二，在过去曾经有一个奇点，它在某种意义上构成了宇宙的开端。"以上这句话出自一本关于广义相对论的开创性教科书《时空的大尺度结构》（*The Large Scale Structure of Space-Time*）的第一页，该书由史蒂芬·霍金（Stephen Hawking）

和乔治·艾利斯（George Ellis）于 1973 年共同撰写。[1] 这本书提出了一些令人回味的术语——黑洞、奇点、事件视界——它们现在已经成为流行文化的一部分。书中还提到，在其生命的最后阶段，宇宙中质量最大的恒星会在引力的作用下被迫坍缩。恒星消失了，只在宇宙的结构中留下了一个印记，但是在视界之后，有些东西仍然存在。**奇点**，作为一个时刻而非地点，挑战了我们对自然法则的理解。根据广义相对论，奇点在时间的末端，但同样我们在过去也有一个标志时间开端的奇点——大爆炸。我们必须接受这样一个深刻的观点：我们对引力的科学描述，也就是对我们所熟悉的支配炮弹和卫星的力量的科学描述，本质上关注的是时间和空间的性质。

引力与空间和时间的关系并不明显，而且寻求用科学理论对其进行描述还可能会让人陷入对时间开始和结束的思考。黑洞位于探索这种深层关系的舞台中心，因为它们是可被观测到的、引力最极端的产物。这一理论匪夷所思，直到 20 世纪 60 年代，有许多物理学家仍然相信，即使黑洞是广义相对论在数学上推导出的一个特征，但是自然界一定会找到某种方法避免其形成。甚至爱因斯坦本人在 1939 年也写了一篇论文，他的结论是黑洞"不存在于物理现实中"。[2] 和爱因斯坦同时代的杰出人物亚瑟·埃丁顿（Arthur Eddington）也更加简洁地表达了他的观点："应该有一条自然法则来防止恒星以这种荒谬的方式存在。"然而，事实却恰恰相反，黑洞的确存在。

现在我们已经明白，对于比太阳质量大几倍的恒星来说，黑洞是它们生命演化中自然而然且不可避免的一个阶段。而在我们的银河系中有千百万颗这样的恒星，因此也将存在千百万个黑洞。恒星是和自身的引力坍缩作斗争的大块物质。在它们生命的早期阶段，恒星通过其核心处的氢转化为氦的核反应来抵御自身引力的向内牵引。这个过程被称为核聚变，它释放出能量，并产生压力以阻止坍缩。我们的太阳目前正处在这个阶段，每秒钟有 6 亿吨氢转化为氦。在天文学中，像这样非常大的数字常常容易被忽略，但请让我们稍停片刻，感叹一下恒星和人类日常生活中的物体在规模上的极大差异。6 亿吨相当于一座小山的质量，自地球形成以来，我们的太阳每秒钟都在稳定地燃烧一座山那么重的氢。但请不要担心，太阳有足够的氢可以继续与引力斗争 50 亿年。太阳之所以能够做到这一点，是因为它很大：可以轻松地容纳 100 万个地球；它的直径为 140 万千米，一架民航客机需要飞行六个月才能绕它一圈。然而，太阳只是一颗小恒星。已知的最大恒星比太阳大一千倍，直径约 10 亿千米。若这样的恒星位于我们的太阳系中心，连木星都会被吞没。像这样的巨兽将在灾难性的引力坍缩中结束它们的生命。

引力是一种虽然微弱但又不可抗拒的力。它只有吸引作用，而且在没有其他更强的反作用力的情况下，其吸引力是无限的，可以毫不犹豫地吸引一切。引力在努力将你从地面拉向地球的中心，同时也把地面拉向同一方向。万物之所以没有（在引力的作用下）坍缩到一个中心点，是因为物质是刚性的。物质由遵循量子物理规律的粒子组成，当过于靠近彼此时，粒子将相互排斥。

然而，物质的刚性只是一种假象。我们从未意识到脚下的大地本质上是空的。原子核周围环绕着跳动的电子云，使原子之间保持着一定距离，让我们误认为固体物质紧密地聚集在一起。事实上，原子核仅占原子体积的一小部分，我们脚下的大地就像蒸汽一样虚无缥缈。不过，物质内部的排斥力异常强大，它能够防止你穿过地板坠落，并且能够使质量是太阳两倍的垂死恒星保持稳定。但是，这种力量还是有它的极限，这个极限将由中子星所揭示。

一个典型中子星的半径仅有几千米，质量则约为太阳的 1.5 倍，相当于将 100 万个地球压缩到一个城市大小的区域内。中子星一般都在高速自旋，同时释放出明亮的射电波束，仿佛一座灯塔照亮宇宙。1967 年，乔斯林·贝尔·伯内尔（Jocelyn Bell Burnell）和安东尼·休伊什（Antony Hewish）首次观测到这样的中子星，它们也被称为脉冲星。这种脉冲非常规律，每 1.3373 秒扫过地球一次，伯内尔和休伊什将其命名为"小绿人1号"。[1]迄今为止，人类发现的自旋速度最快的脉冲星是PSR J1748-2446ad，每秒旋转716次。中子星是能量极高的天体。2004年12月27日，一股能量击中地球，导致人造卫星失灵、地球的电离层膨胀。这股能量是由一颗名为SGR 1806-20的中子星周围磁场的重新排列释放出来的，该中子星距离地球5万光年，位于银河系的另一边。在五分之一秒的时间里，这颗中子星辐射出来的能量甚至比太阳在25万年里释放的总能量还要多。

　　一颗中子星表面的引力是地球的1000亿倍。任何落到其表面的物质都会瞬间被压扁并转化为核子汤。如果你掉落到一颗中子星的表面，构成你身体的一部分粒子会转化为中子，并非常紧密地挤在一起，它们会以接近光速的速度抖动，以避免彼此相撞。这种抖动可以支撑一颗质量约为两个太阳质量的中子星，但不能再多了。超过这个极限，引力将会获胜。如果再注入一点质量到其表面，这颗城市大小的星体将会坍缩，形成一个时空奇点。乔治·勒梅特（Georges Lemaître）是一位天主教神父，也是现代宇宙学的奠基人之一，他将我们宇宙起源的大爆炸奇点描述为一个没有昨天的日子。由引力塌缩形成的奇点则是没有未来的时刻。留在外部的，只

||||||||||||||||||||||||||||||||||||||||||||||||

1. 小绿人为当时电视节目所想象的外星人形象。

　　　　　　　　　　　　　　　　　　　　　黑洞简史

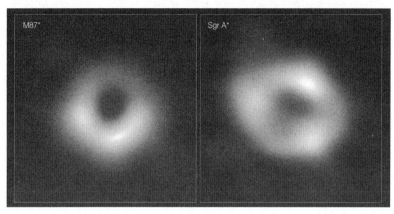

有一个曾经闪耀过的黑暗印记：黑洞。

如今，我们已有确凿的观测证据表明，宇宙中存在着黑洞。图 1.1 中展示的图像是由事件视界望远镜（Event Horizon Telescope，EHT）项目拍摄的，这个项目有着一个横跨美洲、欧洲、太平洋、格陵兰岛和南极洲的射电望远镜网络。左侧的图像显示了 **M87** 星系中心的超大质量黑洞，它距离地球 5000 万光年。正如科学研究中经常出现的情况一样，当你对自己所看到的东西了解得越多时，这张来自遥远地方的模糊图像将变得越发奇妙。

这个黑洞的质量是太阳的 65 亿倍，位于图像中黑暗的中心区域被称

［1.1］左图：位于 M87 星系中心的超大质量黑洞。右图：人马座 A*，我们银河系中心的黑洞。两者均由事件视界望远镜项目拍摄。

为阴影。这里之所以黑暗，是因为引力强大到连光都无法逃脱，而因为没有任何事物可以比光速更快，所以没有任何物质可以逃脱。在阴影内部是M87星系中心黑洞的事件视界，其直径是地球到太阳距离的240倍。它将奇点与外部宇宙隔离开来，保护外部宇宙不受奇点的影响。环绕阴影的明亮光环主要是由围绕黑洞旋转并被吸入的气体和尘埃发出的光线形成的，它们的路径被黑洞的引力扭曲并被塑造成独特的甜甜圈形状。

图1.1右侧图像显示了位于我们银河系中心的超大质量黑洞——人马座A*。相较之下，它只有431万个太阳质量，可以说是相对较小的。这个发光圆盘的直径正好和水星近日点到太阳的距离相当。这个黑洞的存在最初是通过观测其周围恒星的轨道间接推断出来的。这些恒星被称为"S星"。其中，S2恒星特别靠近黑洞，绕转周期仅为16.0518年。在这里，精确度发挥了重要作用，正是基于对S2恒星轨道的细致观测，我们才能够将其与广义相对论的预测进行对比，并在拍摄到人马座A*之前就将其用于推断黑洞的存在。2018年，S2恒星被观测到距离人马座A*最近，当时它距离事件视界仅有120个天文单位。[II]在最接近的地方，S2恒星以光速的3%移动。莱因哈德·根泽尔（Reinhard Genzel）和安德里亚·盖

||||||||||||||||||||||||||||||||||||||||||||||||

II. 1个天文单位（约）等于地球和太阳之间的距离，约1.5亿千米。

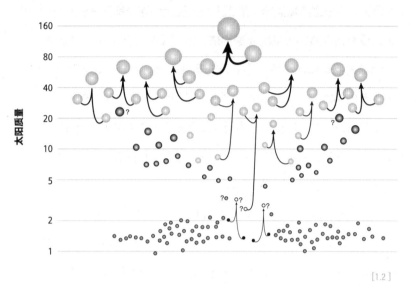

太阳质量

[1.2]

[1.2] 目前已经被探测到的恒星质量黑洞和中子星按照质量从小到大排列，质量最小的天体位于底部。最小的圆圈表示中子星，箭头表示观测到的黑洞或中子星之间的碰撞与并合。左侧的数字表示太阳质量的倍数。

兹（Andrea Ghez）因多年来进行的上述高精度观测工作获得了2020 年诺贝尔奖。正如诺贝尔奖委员会所言，这些观测证明了"我们银河系中心存在一个超大质量致密天体"。他们与罗杰·彭罗斯爵士（Sir Roger Penrose）共享该奖项，后者通过数学证明"黑洞的形成是广义相对论的有力预测"。

通过探测黑洞相互碰撞时产生的时空涟漪，我们也探测到了许多较小的恒星质量黑洞。2015 年 9 月，

LIGO[III]引力波探测器记录到了距地球 13 亿光年的由两个黑洞碰撞产生的时空涟漪。这两个黑洞分别为太阳质量的 29 倍和 36 倍，在不到 0.2 秒的时间内碰撞并合并。在碰撞过程中，输出功率的峰值是可观测宇宙内所有恒星输出功率总和的 50 倍。10 多亿年后，当这些涟漪抵达我们时，它们使LIGO4000 米长的激光测距臂上测量的距离发生了微小的改变，变化幅度仅为一个质子直径的千分之一，这种转瞬即逝的振荡特征与广义相对论的预测完全吻合。自那时起，LIGO及其姊妹探测器Virgo还检测到了许多黑洞之间的合并事件。2017 年诺贝尔物理学奖被授予了雷纳·韦斯（Rainer Weiss）、巴里·巴里什（Barry Barish）和基普·索恩（Kip Thorne），以表彰他们在设计、建造和运行LIGO方面的领导作用。截至撰写本书时，已经探测到的恒星质量黑洞和中子星的"恒星墓地"如图 1.2 所示。

　　总的来说，这些运用不同望远镜和技术得到的观测结果，无可置疑地证明了中子星和黑洞的存在。当实验观测证实了理论时，科幻就变成了科学。当理论之旅带领我们沿着越来越奇特的道路，进入越来越错综复杂的智力领域时，我们应该不断提醒自己：这些荒诞的事物是真实的。它们是自然界的一部分，因此我们应该试图

|||||||||||||||||||||||||||||||||||||||||||||||||||||

III. LIGO，Laser Interferometer Gravitational-wave Observatory，激光干涉引力波观测台。

用已知的自然法则来理解它们。如果失败了，我们也获得了揭示新的自然法则的机会。而这真的已经成为现实，甚至超出了早期先驱者最狂野的梦想。

试图避免荒诞

黑洞最早在 1783 年由英国教区神职人员和科学家约翰·米歇尔（John Michell）提出，并在 1798 年由法国数学家皮埃尔-西蒙·拉普拉斯（Pierre-Simon Laplace）独立提出。米歇尔和拉普拉斯认为，正如一个向上抛出的球会受到地球引力的作用而减速并被拉回地面一样，也可以想象存在着一些物体，它们的引力如此强大，甚至可以捕获光。

从地球表面抛出的物体的移动速度必须超过 11 千米/秒才能逃离到深空。这被称为地球的逃逸速度。在太阳表面，引力要大得多，其相应的逃逸速度也更高，高达 620 千米/秒。在中子星的表面，逃逸速度可能非常接近光速。[IV]拉普拉斯计算出，一个密度与地球相当但直径比太阳大 250 倍的天体，其引力之大会使逃逸速度超过光速，因此"宇宙中最大的天体可能因其庞大而无法被看见"。[3] 这是一个迷人且超前的想法。想象一个位于太空中的球形

IIIIIIIIIIIIIIIIIIIIIIIIIIIIIIIIIIIIIIIIIIIII

IV．光速为 299,792,458 米／秒。

壳，紧贴拉普拉斯提出的巨大黑暗恒星的表面。从该壳逃逸的速度是光速。现在让恒星变得更加致密一点，恒星表面会向内收缩，但是想象中的壳仍然保持原地，在空间中划出一个边界。如果你进入这个壳，也就是在恒星表面之上，向外照射一盏手电筒，光是射不出来的。它将永远冻结，无法逃脱。这个边界就是事件视界。在壳内，手电筒的光会被调转方向并被拉回恒星上。只有在壳外，光才能逃脱。

米歇尔和拉普拉斯设想这些暗星是巨大的天体，可能是因为他们无法想象其他的可能性。但是，一个物体并不需要很大就可以在其表面产生强烈的引力。它也可以是非常小且非常致密的，例如中子星。对于任何质量的物体，我们可以使用艾萨克·牛顿（Isaac Newton）的万有引力定律来计算在物体被压缩到一定程度时，围绕它形成的无法逃脱区域的半径：

$$R_s = \frac{2GM}{c^2}$$

其中，G 是牛顿的万有引力常数，表示引力的强度，c 是光速。将太阳的质量代入这个方程，我们发现半径大约是 3 千米。对于地球，对应的半径只有不到 1 厘米。如果我们将质量为 M 的任何物体压缩成小于这个半径的球体，将创造出一个暗星。我们很难想象地球被压缩到鹅卵石的大小，这可能就是为什么米歇尔和拉普拉斯没有考虑这种可能性。然而，尽管暗星这样的想法充满奇幻，但是如果它们确实存在，似乎并没有什么特别令人烦恼或荒谬的。它们会捕获光，但正如拉普拉斯指出的，这就意味着我们看不见它们。

这个简单的牛顿论述让我们对黑洞的概念有了一定了解——引力可以变得如此之强，以至于光也无法逃脱。然而，当引力非常强时，牛顿引力定律将不再适用，必须使用爱因斯坦的理论。广义相对论也同样允许这样的物体存在——其引力之大以至于光无法逃脱，但其后果却大不相同，而且绝对是令人困惑且荒谬的。与牛顿理论的情况一样，如果任何物体被压缩到低于某个临界半径，它将能够捕获光。在广义相对论中，这个半径被称为"**史瓦西半径**"，因为它是在 1915 年（即广义相对论发表后不久）由德国物理学家卡尔·史瓦西（Karl Schwarzschild）首次计算出来的。巧合的是，广义相对论中的史瓦西半径表达式正好与上面的牛顿万有引力理论结果相同。史瓦西半径就是黑洞事件视界的半径。

我们将在第四章中更深入地了解史瓦西半径，届时我们将掌握广义相对论的理论体系，但现在我们可以先一瞥即将到来的"荒谬"之处。我们将了解到黑洞会影响其附近的时间流动。当宇航员向黑洞坠落时，如果以太空中远离黑洞的时钟为尺度，他们的时间会变得很缓慢。这很有趣，且并不荒谬。真正听起来荒谬的结论是：以那些远离黑洞的时钟为尺度，时间将在事件视界上停止。当从外部观察时，从未见到任何东西掉入黑洞，这意味着朝向黑洞坠落的宇航员将永远冻结在视界上。这也适用于通过视界向内坍缩形成黑洞的恒星表面。乍一看，广义相对论的预测似乎是无稽之谈。如果恒星的表面从未被看到穿过事件视界，恒星要如何穿过视界形成黑洞呢？这样的观察结果困扰着爱因斯坦和早期的先驱者，而这仅仅是众多悖论中的一个。

对于爱因斯坦和 20 世纪 60 年代之前的大多数物理学家来说，这些令人发愁的问题导致他们得出了这样的结论：大自然会找到一种解决办法，而对黑洞的研究主要是为了证明它们不可能存在。也许压缩恒星是有极限的，因此无法产生事件视界。考虑到一块糖大小的中子星物质至少重 1 亿吨，这个想法似乎并不荒谬。也许我们还没有完全理解物质在如此极端的密度和压力下是如何表现的。

恒星是对抗引力坍缩的一团巨大的物质。当它们耗尽核燃料时，恒星的命运将取决于其质量。1926 年，爱丁顿（Arthur Stanley Eddington）在剑桥的同事福勒（R.H.Fowler）发表了一篇名为《关于致密物质》的文章。他在文章中指出，新发现的量子理论提供了一种方法，可以让一颗年老的坍缩恒星在**电子简并压力**的作用下避免形成事件视界。这是我们之前在中子星背景下提到的"量子抖动"的第一次亮相。他的结论似乎是量子理论的两个基石——沃尔夫冈·泡利（Wolfgang Pauli）的不相容原理和维尔纳·海森堡（Werner Heisenberg）的不确定性原理——所带来的不可避免的结果。

不相容原理指出，像电子这样的粒子不能占据相同的空间区域。如果大量电子由于引力坍缩而挤压在一起，它们就会在恒星内部分离成各自的微小体积，以远离彼此。接着海森堡的不确定性原理开始发挥作用。它指出，当一个粒子被限制在一个较小的体积中时，它的动量会变大。换句话说，如果你束缚一个电子，它就会抖动，你越试图限制它，它抖动得越厉害。这样就会产生一种压力，其产生方式与恒星早期核聚变反应产生的热量导致原子抖动并阻止坍缩的方式非常相似。然而，与核聚变反应产生的压力不同，电子简并压力不需要释放能量来驱动。这似乎意味着恒星可以无限期地抵抗引力的向内拉扯。

天文学家们知道存在这样的一颗恒星，它被称为白矮星。天狼星是天空中最亮的恒星，天狼星B是天狼星的一个暗淡伴星。天狼星B的质量接近太阳，但半径与地球相当。根据当时的测量数据，它的密度估计为 100 千克/立方厘米，正如福勒所指出的，"这已经引起了大多数有趣的理论分析"。爱丁顿在他的著作《恒星的内部构造》中写道："我认为应该可以下结论说'这是荒谬的'。"现代的测量结果显示，天狼星B的密度比之前估算的要高出十倍以上。然而，尽管这颗神奇的行星大小的恒星看起来很荒谬，但福勒发现了一种解释它如何抵抗引力的机制。这似乎让当时的物理学家们松了一口气，因为它阻止了不可思议的事情发生。多亏了福勒，看来恒星的生命将以白矮星的形式结束。在电子的量子抖动的支撑下，它们不会坍缩到史瓦西半径内，事件视界也不会形成。

这种如释重负的感觉并没有持续多久。1930 年，一位 19 岁的物理学家苏布拉马尼扬·钱德拉塞卡（Subrahmanyan Chandrasekhar）从印度马德拉斯出发，经过 18 天的海上航行来到剑桥，与爱丁顿和福勒共事。他决定计算电子简并压力究竟能有多强。福勒并没有对以这种方式支撑的恒星的质量设定上限，似乎大多数物理学家认为也不应该有上限。但是，钱德拉塞卡意识到电子简并压力是有限的。爱因斯坦的相对论表明，无论电子被限制得多么紧密，它的抖动速度都不能超过光速。钱德拉塞卡计算出，质量约为太阳质量 90% 的白矮星将达到速度的极限。[5] 更准确的计算显示，现在被称为钱德拉塞卡极限的值是太阳质量的 1.4 倍。如果一个坍缩恒星的质量超过这个极限，电子将无法提供足够的压力来抵抗向内的引力，因为它们已经以最快的速度在运动，引力坍缩只能继续。爱丁顿对此并不感兴趣，他认为钱德拉塞卡错误地将相对论与当时新兴的量子力学领域结合在一起，而真正正确的计算结果将会表明白矮星的质量可以达到任意大。在那之后，年轻的钱德拉塞卡和德高望重的爱丁顿之间的争论对钱德拉塞卡产生了深远的影响。在爱丁顿1944 年去世的几十年后，钱德拉塞卡仍然将这段时光描述为"一段非常令人沮丧的经历……使我的工作被天文学界完全否定"。最终，钱德拉塞卡被证明是正确的。1983 年，他因在恒星结构方面的研究获得了诺贝尔奖。

钱德拉塞卡于 1931 年发表的研究结果并未被视为黑洞必然会形成的决定性证据。即使到了 1939 年，爱因斯坦仍然对事件视界上的时间凝固感到担忧。当电子简并压力无法支撑坍缩的白矮星时，是否存在其他过程可以提供支撑？20 世纪 30 年代末，美国物理学家弗里茨·兹威基（Fritz Zwicky）和俄罗斯物理学家列夫·朗道（Lev Landau）正确地提出，可能存在比白矮星更致密的天体，这些天体不是由电子简并压力支撑，而是由中子简并压力支撑。在引力坍缩中的极端条件下，电子可以被迫与质子融合，形成中子和轻质粒子中微子，后者会逃逸出恒星。中子与电子一样，当它们被压缩在一起时会抖动，但是由于中子比电子质量更大，它们可以提供更多的支撑。这些天体就是中子星。

尽管白矮星的经验表明中子简并压力也应该有其极限，但是猜测这种命运（也就是成为中子星）可能是所有超大质量恒星的终点也不无道理。也许最大质量的恒星在坍缩时会将物质喷射到太空中，或者在达到中子星密度时发生反弹和爆炸。当时要排除这些可能性并不容易——核物理是一个非常新的领域，而中子本身在1932 年才被发现。

到了 1939 年，J.罗伯特·奥本海默（J. Robert Oppenheimer）和他的学生乔治·沃尔科夫（George Volkov），在理查德·托尔曼（Richard Tolman）的研究基础上，提出了托尔曼–奥本海默–沃尔科夫极限（Tolman–Oppenheimer–Volkov limit），为中子星设置了一个质量上限，约为太阳质量的三倍。随后，奥本海默和他的另一位学生哈特兰·斯奈德（Hartland Snyder），在某些假设下证明了质量最大的恒星必须在事件视界后坍缩，才能形成黑洞。[6] 这篇具有里程碑意义的论文开篇写道："当所有热核能源耗尽时，质量足够大的恒星将会坍缩。除非通过旋转引起的裂变、质量辐射或辐射驱动的质量抛射，将恒星的质量降至太阳的质量，否则这种坍缩将无限继续。"这篇论文引言的最后一段详细阐述了困扰着爱因斯坦的在事件视界上时间流动的后果："与恒星物质一起运动的观察者看到的坍缩总时间是有限的，在这种理想化情况下，对于典型的恒星质量，大约是一天；外部观察者则看到恒星逐渐收缩至其引力半径。"换句话说，对于一个在坍缩恒星表面向内行进的人来说，一颗质量比太阳大不了多少的恒星消失大约需要一天的时间，但对于从外部观察的人来说，则需要无穷无尽的时间。这就是我们之前提到的令人费解的时间特性。奥本海默和斯奈德接受了广义相对论的这个基本结果，并证明它不会导致任何矛盾。我们将在接下来的章节中更详细地探讨这些有趣的结果。

在这个时候，二战爆发，世界各地的物理学家的注意力转向了战争相关的研究。在美国，恒星研究中获得的核物理学专业知识与原子弹的发展密切相关。奥本海默也因此成为曼哈顿计划的科学领袖。当战争结束，这些物理学家回归时，新一代学者已经准备好接过大旗。在美国，这一代人是由约翰·阿奇博尔德·惠勒（John Archibald Wheeler）培养的。而正是惠勒于 1967 年 12 月 29 日在纽约希尔顿酒店西宴会厅的一次演讲上首次提出了黑洞这个术语。在他的自传中，惠勒描述了他在 20 世纪 50 年代关于黑洞的思想斗争。[7] 他说："多年来，（恒星）坍缩成为黑洞的想法一直让我很不舒服。我不喜欢这个观点。我竭尽全力想找到一种解决办法，避免大质量物体的强制性内爆。"他回忆起自己如何最终确信"没有什么能阻止一个足够大的冷物质块坍缩到一个小于史瓦西半径的尺寸"。惠勒的这种思想转变在 1962 年与他的学生罗伯特·富勒（Robert Fuller）合作的一篇论文中达到顶峰，他们得出结论："在时空中存在一些点，无论人们等待多久，永远无法接收到从这些点发出的光信号。"[8] 这些点位于事件视界之内，宇宙永远与之隔离。由此看来，黑洞是不可避免的。1965 年，彭罗斯的诺贝尔奖获奖论文《引力坍缩与时空奇点》消除了理论界的顾虑，在这篇只有三

页的力作中，彭罗斯证明了（用惠勒的话说）："无论人们如何描述物质，黑洞的中心都必须存在一个奇点。" [9]

深邃的辉光

回顾黑洞的简史，时间来到了 1974 年，当时史蒂芬·霍金的一篇论文引出了一个看似简单的问题，自论文发表以来，这个问题已经推动黑洞研究长达半个世纪。

到了 20 世纪 70 年代，理论学家已经普遍接受了黑洞的存在，尽管天文学家尚未观测到它们。而仍然对黑洞感兴趣的一小部分人将注意力转向了它们所带来的概念挑战。霍金在《自然》杂志上发表了一篇论文，有一个很有趣的标题——《黑洞会爆炸吗？》 [10]。霍金指出，事件视界的存在会对附近的真空空间产生巨大影响。量子理论告诉我们，空无一物的空间并不是空的。它充满了不断波动的场，这些波动表现为产生粒子的潜力：光子、电子、夸克，事实上任何粒子都可以。真空具有结构。在普通的空空如也的空间里，这些波动不断出现和消失；我们可以想象所谓的虚拟粒子不断地出现和消失，但结果是真实的粒子并没有奇迹般地出现。事件视界的存在打破了这种平衡，使稍纵即逝的虚拟粒子可以变得真实。这些粒子被称为**霍金辐射**，它们带着一小部分黑洞能量流入宇宙。在难以想象的时间尺度上，甚至比宇宙当前的年龄大得多，一个典型的黑洞将逐渐蒸发至消失，并最终爆炸。用霍金的名言来讲，黑洞并不那么黑。它们就像寒冷天空中微弱的炭火一样，那种非常微弱的炭火，缓缓地发热，并发出微光。一个太阳质量黑洞的温度比绝对零度高 0.00000006 摄氏度，这比今天的宇宙要冷得多。[V] 人马座A*更冷：确切地说，要冷 431 万倍。但是黑洞的温度不为零，这一点至关重要。这意味着，正如我们将发现的，黑洞遵循热力学定律——与可以燃烧的煤炭、蒸汽机和恒星所遵循的定律相同——而且这意味着它们并不是永恒存在的。在遥远未来的某一天，它们都将消失。

这种微弱的辉光引发了一个深刻的问题。当黑洞消失后，所有掉进去的东西都发生了什么？由于霍金辐射的独特产生机制，当它从事件视界附近的真空中抽取出来时，它似乎与黑洞生命周期中掉进去的任何物质无关。因此，我们很难看到掉进去的任何信息，或者最初形成黑洞的星体本身，都很难被保存下来，或以某种方式在辐射中留下印记。实际上，霍金在这一点上的最初计算似乎非常明确。辐射，也就是黑洞的残余，根本不包含任何信息。

现代黑洞研究的先驱之一伦纳德·萨斯金德（Leonard Susskind），讲述了 1983 年在旧金山一个小阁楼房间举行的一次

||||||||||||||||||||||||||||||||||||||||||||||||||||||

V．现今的宇宙微波背景辐射比绝对零度高 2.725 摄氏度。

会议的故事，当时霍金首次提出并回答了这个问题，不过他的结论后来被证明是错误的。萨斯金德对霍金的问题所引发的巨大智力挑战作了第一手记录，并命名为《黑洞战争：我与斯蒂芬·霍金的战斗，让量子力学的世界变得安全》。萨斯金德在起标题上很有一套。他曾与人合著一篇名为《来自反德西特空间的巨型引力子入侵》的论文。他写道："霍金声称信息在黑洞蒸发的过程中丢失了，更糟糕的是，他似乎证明了这一点。如果这是真的……我们学科的基础将被摧毁。"

萨斯金德提到了现代物理学的一个基石：决定论。如果我们知道关于一个系统的一切信息，无论是一个简单的气体盒子还是整个宇宙，我们就可以预测它未来将如何演化，以及它过去的样子。当然，这是一个"原则上"的陈述。实际上，我们不可能知道关于过去和未来的一切，因为对于任何真实物理系统，我们拥有的信息总是不完整的。但是，与现代政治不同，在科学领域，原则很重要。如果霍金是对的，黑洞将使宇宙从根本上变得无法预测，物理学的基础将会崩溃。

我们现在知道霍金错了，信息并没有被破坏，物理学是安全的。后来，霍金本人也欣然地接受了这个观点，而不是感到遗憾，尤其是因为由他最初的主张所激发的研究计划仍在不断推动我们朝着对空间、时间和物理现实本质的新理解前进。

在《时间简史》的最后一版中，霍金写道，他在 2004 年最终改变了主意，并承认他输掉了与约翰·普雷斯基尔（John Preskill，我们稍后会提到他的研究）的赌约。在对板球和棒球的优点进行了进一步的争论之后，霍金也输了，他送给普雷斯基尔一本棒球百科全书。在写作时，霍金注释说，没有人知道信息是如何从黑洞中出来的——只是它确实如此。但是很明显，解码这些信息将非常困难。他写道："这就像烧一本书。如果保留灰烬和烟，严格意义上说，信息并未丢失——这让我再次想起了我送给普雷斯基尔的棒球百科全书。也许我应该把书本燃烧之后剩下的残骸送给他。"

视界之外

想象一下，你在地上看到了一块手表。仔细观察后，你不禁对其精致的复杂和精确赞叹不已。这个机制肯定是经过设计的，一定有一个创造者。将"手表"替换为"自然"，这就是牧师威廉·佩利（William Paley）在 1802 年提出的关于上帝存在的论点。我们现在已经知晓，有压倒性的证据支持达尔文关于自然选择的进化理论，这些证据严重削弱了这一论证。制表师就是自然，而自然是盲目的。达尔文写道："这一种关于生命的观点有着壮丽的美，生命的各种能力最初只存在于少数形式或一种形式中。而当这个星球按照固定的万有引力定律循环往复地运转时，从如此简单的起点演化出了无数美丽而奇妙的形式，并且还在不断演化。"

万有引力定律是行星存在的先决条件，行星上已经演化出了无穷无尽的形式，那么万有引力定律又是什么呢？或者，是什么规定了电和磁的法则，将动物粘在一起形成一个实体？又是什么创造了构成我们的种类繁多的亚原子？是谁或者是什么制定了这些法则，在其框架之中，一切都在不断循环？

现代物理学的发展一直是一种还原主义。我们不需要一本庞大的百科全书来了解自然的内在运作机制。相反，我们可以用数学语言来描述从质子内部到星系形成的几乎无穷的自然现象，而这种方法的效率之高令人难以置信。用理论物理学家尤金·维格纳（Eugene Wigner）的话来说，"数学语言适用于物理定律的表述，这一奇迹是一份我们既不理解也不应得的美妙礼物。我们应该对此心存感激。"20 世纪的数学描述了一个由有限种类的基本粒子组成的宇宙，这些粒子在一个被称为时空的舞台上相互作用，基于一系列在信封背面大小的地方就可以写下的规则。如果宇宙是经过设计的，那么设计者似乎是一位数学家。

如今，黑洞的研究似乎把我们引向一个新的方向，即更多地使用量子计算机科学家常用的信息语言。空间和时间可能是诞生于自然的某种实体，它们并不存在于对自然最深层次的描述中。相反，它们由纠缠在一起的量子比特信息合成，其方式类似于巧妙构建的计算机代码。基于这个角度，如果宇宙是经过设计的，那么设计者似乎是一位程序员。

但是我们必须小心。与之前的那位牧师佩利一样，我们有过度解释的风险。信息科学在描述黑洞中的作用可能指向了一种新的描述自然的方式，但这并不意味着我们被预先设定了。相反，我们可能得出结论，计算机语言非常适合描述用算法展示的宇宙。用这种方式表达，将没有更大或更小的谜团，就像维格纳所描述的数学语言之谜[VI]。信息处理——从输入到输出的比特串扰动——不是计算机科学的构建，而是我们宇宙的一个特征。与其认为时空是一串指向程序员的量子计算机代码，不如说地球上的计算机科学家发现了自然已经运用的技巧。从这个角度来看，黑洞是宇宙的罗塞塔石碑[VII]，让我们能够将观测结果转化为一种新的语言，让我们一睹最深刻的理性和最灿烂的美。

||||||||||||||||||||||||||||||||||||||||||||||

VI． 尤金·维格纳是 1963 年的诺贝尔物理学奖获得者，他在 1960 年发表了一篇名为《数学在自然科学中不可思议的有效性》的文章，他在文章中提到了数学的神奇力量——同时具有描述世界的能力和在物理世界预言现象的能力。
VII． 罗塞塔石碑：记载古埃及历史的多种文字的石碑，是破解古埃及文字的关键，引喻为解决谜题的关键线索。

2.

统一时空
● Unifying Space and Time

在讨论广义相对论的书中，"距离"这个词本身并不适用。同样，"时间"这个词也不应出现在讨论广义相对论的书中。●埃德温·F.泰勒，惠勒和埃德蒙·博钦格 [12]

黑洞是物理学的完美学习对象，因为要理解它们几乎需要全部的物理知识。唐·佩吉（Don Page）在他详尽的《对霍金辐射的不详尽评论》（*Inexhaustive Review of Hawking Radiation*）一文的开头写道："黑洞或许是宇宙中最完美的热体，然而它们的热学属性尚未被完全理解。"[13] 热力学是物理学的基石之一，它通常被用于处理一些我们熟悉的概念，比如温度和能量；以及一个可能不那么熟悉的概念，熵。因此，我们需要学习一些热力学。霍金的开创性论文《黑洞创造粒子》(*Particle Creation by Black Holes*) 的开篇写道："在经典理论中，黑洞只能吸收而不能发射粒子。然而，研究表明，量子力学效应使黑洞能像热体一样产生并发射粒子。"因此，我们需要学习一些量子力学。当然，还有爱因斯坦的广义相对论。在米斯纳（Charles W. Misner）、索恩和惠勒的重量级教科书《引力》(*Gravitation*) 中，他们写道："……读者被带到黑洞的世界，在这里，他们遇到了静态极限、能层和视界的集合——在这些面纱之后隐藏着狰狞、狂暴的奇点。"这就是我们首先要探索的世界。

我们在学校里学到，引力是一种相当平凡的事物，它是日常物体之间的作用力。你无法在地球表面跳得太高，因为有一种力量会把你拉回地面。1687 年，牛顿将这个概念规范化，并将其发表在《数学原理》(*The Principia Mathematica*) 中。牛顿的理论在大多数情况下都很有效，使我们能够计算飞船到月球和更远地方的轨迹，乍看之下，它根本没有提到空间和时间。然而，牛顿在构建理论时确实假定了空间和时间的两个属性。他假定时间是普适的：如果宇宙中的每个人都带着一个完美的时钟，并且所有的时钟在过去的某个时候同步，那么它们将来都会显示相同的时间。牛顿诗意地表达了这一点："绝对的、真实的和数学的时间，它本身自然而然地平稳流动，不考虑任何外部因素……"他还假定空间是绝对的：一个我们生活的大舞台。"绝对的空间，就其本性而言，不考虑任何外部因素，永远是相似的和固定的……绝对运动是一个物体从一个绝对位置移动到另一个绝对位置。"这些假设听起来像是常识，然而牛顿却察觉到了他做出的这些假设，这证明了他的天才。当我们发现他的关注是有先见之明的，他真正的天才之处就展现出来了，因为这两个假设都是错误的。宇宙并非以这种方式构建，随着理论基础的崩溃，理论本身也必然崩溃。爱因斯坦的广义相对论取代了牛顿的理论，它描述了一个宇宙，在这个宇宙中，空间的距离和时间的流逝取决于观察者与恒星、行星和黑洞的距离，甚至取决于人们往返商店的路线。

实验事实表明，时间的流逝在不同的地方会有所差异，并且取决于物体相对于彼此的运动速度。在 1971 年进行的一项令人惊奇的简单实验中，约瑟夫·C.哈菲勒（Joseph C. Hafele）和理查德·E.基廷（Richard E. Keating）为他们自己和四个高精度原子钟购买了环球机票。用他们仔细斟酌后的话来说："在科学中，相关的实验事实能够取代理论争论。宏观时钟是否按照爱因斯坦相对论的常规解释来记录时间？为了给这个问题提供一些实证性的参考，我们把四个铯束原子钟搬到了一架商业客机上，先是向东环球飞行，然后再向西。然后，我们比较了它们在每次旅行期间记录的时间和美国海军天文台的参考原子时间尺度记录的对应时间。正如理论预测的那样，飞行中的时钟在东行旅程中失去了时间（年龄增长变慢了），而在西行旅程中获得了时间（年龄增长变快了）。东行的钟表丧失了 59 纳秒，西行的钟表增加了 273 纳秒。[1] 在如此长的旅程中，这些时间差距虽然微小，但它们并不是零，最重要的是，实验观测与使用爱因斯坦理论进行的数学计算结果相符。哈菲勒－基廷论文的结尾也同样简洁："无论如何，似乎没有进一步的依据表明钟表在环球旅行后会显示相同的时间，因为我们发现它们并非如此。"这就是相对论所要描述的关于宇宙的一个非常出人意料的显著特性：时间并非我们所想象的那样。

空间也并非我们通常理解的那样：进一步挑战常识的是，并非每个人都会对空间中两点之间的距离达成共识。把你的手指放在你面前的两个点上。谁敢说你指尖之间的距离取决于观察角度？爱因斯坦会这么说。这也是一个经过充分验证的实验事实。欧洲核子研究中心（CERN）的大型强子对撞机（LHC）是世界上最强大的粒子加速器。这台巨型机器的工作是让质子在其地下隧道中以光速

||||||||||||||||||||||||||||||||||||||||||||||

I. 1 纳秒等于 1×10^{-9} 秒。

99.999999%的速度运行，然后使其碰撞在一起。目的是探索物质的结构和使我们世界充满活力的自然力。从站在日内瓦地面上的人的角度看，LHC的周长是 27 千米，他们会对这一伟大工程成就惊叹不已。而从绕环形轨道运行的质子的角度看，LHC的周长则是 4 米。

在 1905 年的时候，爱因斯坦并不知道原子钟、飞机或大型强子对撞机，也没有进行过挑战牛顿的绝对空间和宇宙时间概念的实验。那么，爱因斯坦为什么决定创造一个新的理论图景呢？答案是他意识到牛顿在 17 世纪提出的引力理论和詹姆斯·克拉克·麦克斯韦在 19 世纪提出的电磁理论之间存在根本性冲突。

这种冲突涉及光速在麦克斯韦理论中的表现方式。麦克斯韦理论是基于迈克尔·法拉第、安德烈-玛丽·安培和其他人在 19 世纪进行的实验观察提出的，该理论认为光是一种电磁波，它在真空中以 299,792,458 米/秒的固定速度传播。根据这个理论，无论测量它的人以什么方式相对于光源移动，一束光的速度总是这个精确的数字。这是一个非常奇怪的预测，并不是自然中的其他大部分事物的表现方式。

在撰写此书时，国际板球比赛中投出的最快球是在 2003 年的开普敦，由绍阿布·阿赫塔尔代表巴基斯坦队对阵英格兰队的比赛中投出的。英格兰队的首发球员尼克·奈特对阿赫塔尔的一次无失分投球做出了一次教科书般的防守打击，将球击向左外场。球以

100.2 英里/小时的速度沿着球场滚动。 [II] 如果阿赫塔尔是从一架以 600 英里/小时的速度飞行的格鲁曼F14 雄猫战斗机上直接朝向奈特投出球，那么球将以 600 + 100.2 = 700.2 英里/小时的速度到达击球员，他可能无法将球引向左外场。然而，对于光来说，情况并非如此。如果从F14 雄猫战斗机上发射的不是板球，而是一束激光，那么光仍然会以光速（而不是光速+600 英里/小时）到达他那里。

对于麦克斯韦方程组的这种奇特性质，有两种可能的解决方案。一个显而易见的解决方案就是修改麦克斯韦方程组，使光速不再恒定。这最终是一个实验问题，一个关于自然界实际发生的事情的问题。一百多年来对不同物理现象的无数观察告诉我们，麦克斯韦方程组是正确的，光总是以相同的速度传播。

另一个不那么明显的解决方案是改变以不同速度运动的观察者对距离和时间差的计算方式，使得每个人测量的光速总是相同的。爱因斯坦选择了这条路，因此拒绝了牛顿的绝对空间和时间的概念，这个选择使他走向了相对论。

爱因斯坦的相对论

爱因斯坦的理论是一个模型，也就是说，它是一个数学框架，

||||||||||||||||||||||||||||||||||||||||||||||||||||||||

II. 当我们讨论板球时，我们将使用英制单位。

可以让我们预测自然界中存在的对象的行为。这个模型本质上是几何的，这使它可以呈现出直观的视觉图像，只需要很少的公式，这对于像本书这样的书籍来说是件好事。我们相信，解释相对论的最好方法是描述这个几何图像，而不是试图呈现其历史的演变。我们的理由是，这个模型是有效的，而这是唯一必要的理由。爱因斯坦可以完全不参考麦克斯韦的理论或实验，凭空得到他的理论，它依然具有同样的有效性，因为就其预测结果来看，该理论是一个好的模型，迄今为止已经通过了每一个实验测试。

如果爱因斯坦能凭空得到一个想法，直接导向他的理论，包括解释哈菲勒和基廷的实验，以及物理学中最著名的公式$E = mc^2$，那么这个想法将是一个被称为"时空间隔"的概念。这个想法非常简单。

让我们回到在开普敦举行的巴基斯坦队对阵英格兰队的比赛，以及阿赫塔尔对奈特的创纪录的投球。我们现在先简化一下情况，关掉重力——我们将在这一章的末尾重新打开它。这意味着当球离开阿赫塔尔的手时，它会以一条完美的直线以恒定的速度——相对于地面的 100.2 英里/小时向奈特移动。[III]我们进一步假设板球里面

||||||||||||||||||||||||||||||||||||||||||||||||||

III. 用更专业的语言来说，我们假设板球场是一个惯性参考系。我们可以想象它从地球上脱离，自由地飘浮在恒星之间。我们也忽略了空气阻力。

有一个时钟。在球离开阿赫塔尔的手时，球发出一束光，并在其内部时钟上记录时间。在球到达奈特的球棒时，球发出另一束光，并在其内部时钟上记录到达的时间。我们将板球时钟上测量的两次闪烁之间的时间间隔称为$\Delta\tau$——读作delta tau（德尔塔 涛）。

在解说室，BBC的乔纳森·阿格纽（Aggers）注意到了球上发出的两次闪光，并从他的角度计算出这两次闪光之间的时间间隔：Δt_{Aggers}。[IV] 他也测量了球从离开阿赫塔尔的手到球击中奈特的球棒之间的距离：Δx_{Aggers}。

格鲁曼F14雄猫战斗机沿着球场中的直线，以600英里/小时的速度飞行，飞行员汤姆（Tom）也注意到了两次闪光，并从他的角度计算出这两次闪光之间的时间间隔：Δt_{Tom}。和阿格纽一样，他也测量了球从离开阿赫塔尔的手到球击中奈特球棒之间的距离：Δx_{Tom}。

哈菲勒和基廷的实验结果告诉我们，从阿格纽、汤姆和板球的角度测量的两次闪光之间的时间差都会有所不同。同样，他们测量的球从投球手到击球手的距离也会有所不同。对于那些从未接触过爱因斯坦的思想的人来说，这些差异应该会产生巨大的冲击。因为它们违反直觉，大家无法就距离和时间间隔达成共识。然而，这里

||||||||||||||||||||||||||||||||||||||||||||||||||||

IV. 为了计算出闪光实际发射的时间，他需要校正光束从球到他的眼睛所需的时间。

有一个显著且重要的结果。如果阿格纽计算出的量是 $(\Delta t_{Aggers})^2 -$ $(\Delta x_{Aggers})^2$，而汤姆计算出的量是 $(\Delta t_{Tom})^2 - (\Delta x_{Tom})^2$，那么他们都会得到相同的结果，这个结果会等于使用板球时钟测量的时间间隔的平方，即 $(\Delta\tau)^2$：

$$(\Delta\tau)^2 = (\Delta t_{Aggers})^2 - (\Delta x_{Aggers})^2 = (\Delta t_{Tom})^2 - (\Delta x_{Tom})^2$$

$(\Delta\tau)^2$ 被称为两个事件之间的时空间隔：事件 1 是球离开投手的手，事件 2 是球击中球棒。你可能会问："用时间差的平方减去空间距离的平方有什么意义？"答案是，我们必须将两个事件之间的距离指定为光在这两个事件之间旅行所需的时间，这意味着我们应该以光秒为单位来计算距离。时空间隔（或简称"间隔"）是很重要的，因为它是每个人都认同的一个量，无论他们从何种视角来看。在物理学中，我们称这样的量为不变量。由于自然并不在意我们的观点，我们应该只用不变量来描述自然。当我们发现一个不变量时，这是一件大事，因为这意味着我们对宇宙的基本结构有了更多的了解。

在泰勒（Edwin F. Taylor）、惠勒和贝茨辛格合著的书《探索黑洞》中，他们将间隔方程描述为"物理学乃至整个科学中最伟大的方程式之一"。基普·索恩和罗杰·布兰福德（Roger Blandford）在

《现代经典物理学》中写道，间隔是"物理定律最基本的概念之一"。"基本"这个词很重要。你可能会合理地问："为什么间隔是这样的？""为什么每个人都同意这种特定的时间和空间组合？"如索恩和布兰福德通过他们使用的"基本"这个词所暗示的，答案是——这就是宇宙的构造方式。我们对间隔的形式暂时没有更深刻的解释。

你可能会进一步问："我应该如何理解间隔——这个物理定律最基本的概念？"这是个好问题。物理学家总想努力在脑海中构建方程式中所发生的现象：物理直觉使方程式栩栩如生。幸运的是，间隔确实有一个简单的物理解释。它与我们所说的"两个事件之间的距离"有关。这不是通常的空间距离，而是时空中的距离。接下来让我们探索一下这个概念。

时空中的事件和世界线

相对论中的一个基本概念是事件。事件是某个时刻某个地点发生的事情。你打个响指就是一个很好的近似事件：它发生得非常快，位置也很明确。打板球时挥拍击球也是一个事件。严格来说，事件是一个理想化的概念，它发生得如此之快，而且在如此小的区域内，可以说对应于空间和时间的一个点。相对论关注的是事件之间的关联：它们在时空中相隔多远以及它们是否互相影响。这是一种非常直观的看待世界的方式，我们在日常生活中也是这么说的，比如

"我明天晚上八点在酒吧等你""我 1968 年 3 月 3 日出生在奥尔德姆"。已经发生在我们身上的事情和将要发生在我们身上的事情都是空间和时间中的事件，它们发生在某个地方和某个时刻。稍稍改变一下措辞，我们就有了相对论的基础：发生在我们身上的事情和将要发生在我们身上的事情都是时空中的事件。什么是时空？它是所有事件的集合，即宇宙中过去和将来的一切。

这里有一幅描述时空的图景。想象一下你生活中的事件：你上学的第一天、和你的祖父母一起过圣诞节、那个在酒吧的夜晚。从欢喜到绝望，中间的每一个瞬间，这就是一部编年史。事件是人生经历的基本单元。从我们人类的角度来看，事件是带标签的，我们往往根据它们发生的地点和时间来描述它们。想象一下，将你生活中的事件一件一件仔细地排列出来，连成一条在时空中蜿蜒的线，这是一条不间断的路径，记录着你在世界上的旅行。这就是你的世界线。

图 2.1 描绘了一条在时空中蜿蜒前行的世界线。它被称为时空图。想象这是你的世界线，你的生活在眼前展开。你可以改变日期，添加自己的事件和记忆，构建你的经历地图。时空是一种使人浮想联翩的事物。它是你生活中所有事件的集合，过去的、现在的和未来的。你的记忆充满着时空中的事件。那些构成你生活的时刻——很久以前的圣诞节、与学校朋友一起度过的夏日午后、初吻

[2.1] 空间和时间里一生的各个事件。贯穿各个事件的曲线被称为世界线。每个事件处的圆锥被称为光锥。它们是在事件发生时发出的闪光的路径。因为没有任何事物可以比光传播得更快，所以只有那些在光锥内发生的未来事件可以被最初的事件所影响。

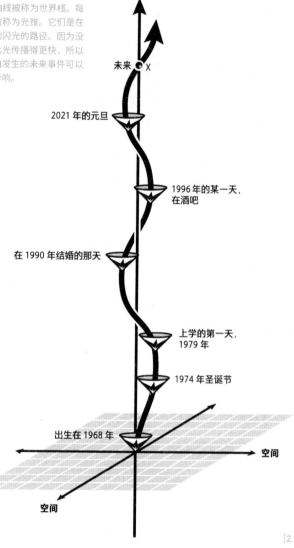

时间

未来 X

2021 年的元旦

1996 年的某一天，在酒吧

在 1990 年结婚的那天

上学的第一天，1979 年

1974 年圣诞节

出生在 1968 年

空间

空间

[2.1]

黑洞

和最后的告别——并没有永远失去。那些时刻仍然存在，存在于时空中的某个地方。你的未来——所有还未发生在你身上的事情，包括你在世界线尽头的死亡——都在时空中的某处等待着你到达。如果我们以这种方式列出所有的事件，我们就创建了一张时空地图，事件之间的距离由时空间隔给出。如果我们能自由地在这个地图上移动，能够重访每一个时刻，那将是多么美妙。我们可以在空间的地图上移动到任何地方，那为什么我们不能在时空的地图上有同样的自由呢？原因在于时空间隔。

让我们回顾一下。从一个特定的角度来看，两个事件的空间距离的测量结果为 Δx，两个事件之间的时间差的测量结果为 Δt。从不同的视角来观测，Δx 和 Δt 将会分别得到不同的值，这非常违反直觉。但关键是，间隔 $(\Delta \tau)^2$ 不会依赖于不同的视角：

$$(\Delta \tau)^2 = (\Delta t)^2 - (\Delta x)^2$$

我们可以使用时空间隔的概念来引入世界线长度的概念。更具体地说，想象图 2.1 中从 1968 年出生到标记为 **X** 的神秘未来事件的世界线。这部分世界线有多长？如果事件 **X** 恰好在出生地发生，那么上面的等式告诉我们，两个事件（出生和**X**）之间的时空间隔就是时间间隔，即 $\Delta \tau = \Delta t$，因为 $\Delta x = 0$。这是两个事件之间的时空间隔，但它并不是世界线的长度，它只是世界线沿着时间轴（图2.1 中的垂直线）垂直上升的高度。就像从奥尔德姆到威根的旅程的长度取决于所走的路线一样，时空中的长度也是如此。它们取决于世界线所取的时空路径。计算图 2.1 中蜿蜒世界线长度的方法是想象将它切成很多小段。每段都近似一条直线。[V] 然后我们可以使用上面的公式计算每段的 $\Delta\tau$，然后把所有的 $\Delta\tau$ 加起来得到总长度。

我们还可以做出一个重要的观察，时空间隔有三种不同的类型：$(\Delta\tau)^2$ 可以是正数、负数或零。我们可以说，在时空中有三种不同的"距离"，而空间中只有一种距离。

如果事件之间的时间差大于它们在空间中的距离，那么间隔就是正数。这样的一对事件被称为"类时间分离"。你的世界线上的所有事件都是类时间分离的。在这种情况下，时空间隔有一个简单的物理解释。如果你有一只完美的秒表，在你出生的时刻启动它，并且你一生都带着它，那么这个秒表将测量你的世界线长度，从你的出生到现在。因此，你的世界线长度就是你的年龄。这就是类时间分离事件时空间隔的含义。它是在事件之间沿着世界线移动的手表测量的时间。[VI]

||||||||||||||||||||||||||||||||||||||||||||||||||

V．这意味着这个人在沿着世界线旅行的时候在这个小段没有加速。任何穿过空间或者穿过时空的曲线路径都可以被认为是由许多个微小的直线路径构成。

VI．为了理解这一点，应该注意到手表相对于自身永远不会移动，因此由于 $\Delta x = 0$, $\Delta\tau = \Delta t$。

如果事件之间在空间中的距离大于它们的时间差，那么间隔就是负数。我们说这些事件"类空间分离"。现在我们无法再以在事件之间移动的手表来解释间隔。然而，确实存在一个物理解释。对于两个事件在同一时间发生的情况，我们可以将间隔解释为在尺子上测量的这些事件之间的距离。事实证明，对于类空间分离的事件，总是可以找到一个观察者（即一个视角），从他的角度看，事件是同时发生的。这意味着不可能有人或物体同时出现在两个（类空间分离的）事件中，因为那将需要同时在两个地方。这只是用另一种说法来说明我们不能在两个（类空间分离的）事件之间通过移动的手表来解释间隔。

因此，围绕任何事件存在两个本质上不同的时空区域：以一只贯穿该事件的钟表为例，一个区域包含了那些可能处于该钟表的世界线上的事件，另一个区域包含了第一个区域之外的事件。我们马上就能看到这种划分的重要性。

第三种可能性是，一对事件之间的时间差恰好等于它们在空间中的距离。这时两个事件之间的世界线就是光束所走的路径。为了理解这一点，回想一下我们以秒为单位测量时间，以光秒为单位测量距离。光在 1 秒内行走 1 光秒，在 2 秒内行走 2 光秒，以此类推。所以，对于任何位于光束路径上的一对事件，$(\Delta t)^2 = (\Delta x)^2$，时空间隔为零。这些事件被称为"类光分离"。如果我们从一个事件出发，在时空中画出光线的路径，它们就形成了该事件的未来光锥。在图 2.1 中，光锥被描绘为每个事件处的小锥体。光锥以每个事件为中心，以 45 度的角度散开。在未来光锥内部，所有的事件都与原始事件类时间分离；而在未来光锥外部，所有的事件都与原始事件类空间分离。因为我们在自己生活中的每一个事件中都在场，所以我们的世界线在光锥内部蜿蜒前进。[VII]

理解光锥的含义以及它们是如何描述时空中事件之间的关系是非常重要的。它们将是理解黑洞及其产生的悖论的关键。让我们聚焦于我们世界线上的一个特定事件，以更深入地了解光锥以及时空中相邻事件之间的关系。

时空中的圣诞

让我们设想聚焦在我们世界线上"1974 年圣诞节"附近的时空区域。你的家人正在电视机旁争论是看BBC1 频道布鲁斯·福赛斯主持的《老少齐上阵》，还是看BBC2 频道劳伦斯·奥利弗主演的《亨利五世》。预见到即将开始的家庭文化辩论，奶奶一抬脚把一杯雪利

VII．如果空间是二维的，那么在时空中光锥就是锥形的，因为一道闪光会以半径越来越大的圆扩散。在三维空间中，光会在球形的壳中扩散，从而在时空中形成一种超锥。这是无法形象化的，所以为了便于绘图，我们将继续使用二维空间。

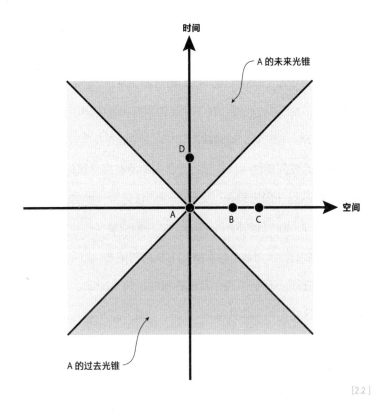

时间

A 的未来光锥

空间

D

A

B

C

A 的过去光锥

酒打翻在电火炉上。[VIII] 这导致主保险丝熔断,使得辩论失去了意义。

图 2.2 显示了"1974 年圣诞节"前后的时空区域,这是从坐在你家里的人的视角画出的。事件 A 是"奶奶接触雪利酒杯"的瞬间,事件 D

||||||||||||||||||||||||||||||||||||||||||

VIII. 电火炉在工作,炉台下面还有清洁剂。

[2.2] 时空中的事件 A 及其邻近区域。对角线是经过 A 的光束所画出的线,它们形成事件 A 的未来光锥和过去光锥。

是"保险丝熔断"。从这个角度看，事件A和D在空间中的位置几乎相同，但在不同的时间发生，D在A的未来。从A向上和向外延伸的对角线描绘出了A的未来光锥。我们通过画出从A向过去延伸的对角线描绘出了A的过去光锥。在未来光锥阴影区域内的所有事件都与A类时间分离（类时），这意味着任何出现在A的人也可能出现在未来光锥内的任何事件中。在过去光锥内的所有事件都与A类时间分离。这意味着任何出现在过去光锥内的任何事件中的人也可能出现在A处。A和D之间的时空间隔表达式特别简单：$(\Delta\tau)^2 = (\Delta t)^2$，其中$\Delta t$是由家中的表测量得到的A和D之间的时间差。[IX]

我们还在图上标记了两个其他的事件，记为B和C。从房子的角度来看，这些事件与事件A同时发生，但在不同的地方。我们假设这是街道另一端响起的闹钟和邻近城镇启动的汽车。A和B之间的间隔是$(\Delta\tau)^2 = -(\Delta x_{AB})^2$，A和C之间的间隔是$(\Delta\tau)^2 = -(\Delta x_{AC})^2$。间隔是负的，这意味着事件B和C与事件A的时空隔离是类空间分离（类空）；Δx_{AB}和Δx_{AC}是可以在尺子上测量的距离。

关键点在于，事件A导致了事件D（奶奶打翻了杯子，导致保

||||||||||||||||||||||||||||||||||||||||||||||

IX．请注意，对于几乎所有我们在日常生活中处理的事件，$(\Delta\tau)^2 = (\Delta l)^2$ 这个等式都大致成立。这是因为我们感兴趣的空间距离范围通常在几米或几千米，甚至几千千米，而这些在以光秒计量时都是微不足道的。在日常生活中，Δx 远小于 1 光秒，这就是为什么我们会觉得时间是通用一致的。

险丝熔断）。然而，事件A不可能导致事件B和C。为了实现这一点，某种影响必须立即从A传到B和C，因为这些事情都同时发生了。这种因果关系的划分就是光锥如此重要的原因。在彼此的光锥内部的事件可能有因果关系，因为可能有某种信号或影响在它们之间传播。在彼此的光锥外部的事件不可能有因果关系。因此，时空间隔内部包含了因果的概念。某些事件可以导致其他事件，每个事件处的光锥告诉我们时空中的分隔线在哪里。

现在，让我们从两个不同的角度看看同一事件在时空中的情况。图 2.3 是一张基于观察者对距离和时间的测量结果构建的时空图，该观察者以恒定速度经过你的房子向邻镇的汽车移动。正如我们已经讨论过的，这样的观察者会测量得到事件之间的不同时间和不同距离，但是事件之间的时空间隔必须保持不变，因为时空间隔是一个不变量。这一点无需争论，时空间隔是自然的基本属性。为了保持这种属性，一些令人惊讶的事情发生了。这个观察者看到，事件B和C发生在事件A之后。

图 2.4 展示了由一个以恒定速度从反方向移动经过你家的观察者构建的时空图。这个观察者认为事件B和C发生在事件A之前。

乍一看，时空图像似乎造成了混乱。我们如何接受一个允许不同事件的时间顺序反转的理论？如果这些事件是你的出生和死亡呢？会有人看到你在出生前就死亡吗？

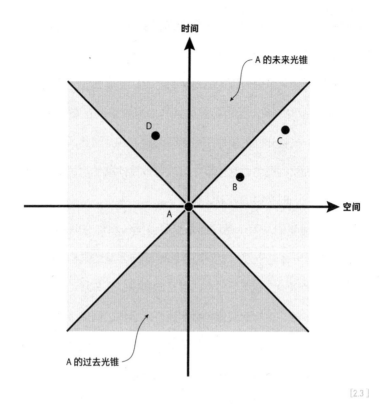

时间

A 的未来光锥

D

C

B

空间

A

A 的过去光锥

[2.3]

这个表面上的悖论可以通过观察光锥来理解。光锥在所有三个图上的位置完全相同，因为所有观察者都认同光速。请注意，尽管当我们在不同的观察点之间切换时，事件B、C和D都在与事件A相关的时空图上移动，但事件D总是保持在事件A的未来光锥内，事件B和C总是保持在事件A的未来和过去光锥之外。

想要理解为什么必须是这样的，请记住两个事件之间的时空

黑洞

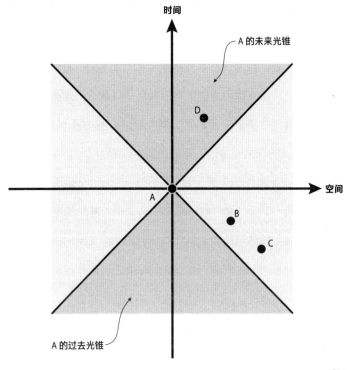

时间

A 的未来光锥

空间

A

D

B

C

A 的过去光锥

[2.4]

间隔是不变的：如果从一个视角看，时空间隔是类时的，那么从所有视角看也都是这样。这意味着，可以相互影响的事件在所有观察者视角下都保留了时间顺序。不能相互影响的事件没有保留它们的时间排序，但那并不

[2.3] 文中所描述的事件 A、B、C 和 D，是由观察者在图中从左向右以恒定速度经过事件 A 所看到的。

[2.4] 文中所描述的事件 A、B、C 和 D，是由观察者在图中从右向左以恒定速度经过事件 A 所看到的。

统一时空

重要，因为它不会影响因果关系。无论有人在奶奶打翻杯子之前或之后，听到一座房子传出闹铃声或看到邻近城镇上一辆汽车启动，那并不矛盾，因为这些事件绝不会相互影响——它们是类空间分离的。当然，如果保险丝在奶奶打翻杯子导致它们熔断之前就熔断了，那就会产生矛盾。但是对于事件A和D，这是不可能发生的，因为D总是在A的未来光锥中，无论观察点在哪里。

因此，一个事件的未来光锥告诉我们哪些时空区域可以从该事件访问，哪些区域是被禁止的。同样，一个事件的过去光锥告诉我们哪些时空事件可能对该事件有任何影响。如果你回头看看图2.1中的世界线，你会发现，通过旅行去重访过去的时刻、过去的人和记忆是不可能的，因为在我们生命中的任何事件中，都无法从光锥的内部移动到外部。要做到这一点，我们必须比光速度更快。但是时空间隔是不变的，所以我们无法做到那一点。在某种意义上，我们的记忆在那里，在时空中的某个地方，但我们永远无法重新经历它们。

我们在上面描述的时空图像包含在爱因斯坦的狭义相对论中，该理论首次发表于 1905 年。它描述了一个没有重力的宇宙，这就是为什么我们在讨论英格兰队和巴基斯坦队在开普敦的比赛时采取了一个不寻常的操作，即关闭了重力。爱因斯坦于 1915 年发表的广义相对论便关注到了将重力纳入时空图像。

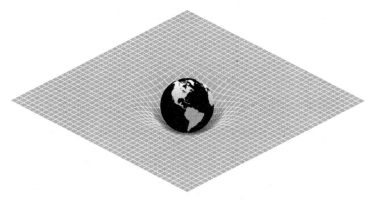

[2.5]

从狭义相对论到广义相对论

广义相对论的中心思想是，时空具有可以被扭曲的几何形状。正如我们将看到的，这相当于改变事件之间时空间隔的规则。物质和能量可以扭曲附近的时空，爱因斯坦提出了让我们能够计算出时空如何被扭曲的方程式，如图 2.5 所示。像国际空间站这样的物体在靠近地球的地方运行时，将会进入一个被扭曲的时空区域。如果我们是信仰牛顿学说的人，会将国际空间站的运动解释为有一种力使其偏离直线并进入环形轨道。但是在爱因斯坦的图像中没有力：重力只被理解为纯粹的几何形状。

对于上文的一个完全合理的第一反应是询问我们到底在谈论什么。谈论扭曲空间和时间意味着什么？我们应该如何描绘扭曲的时空？

[2.5] 地球附近时空扭曲的示意图。

到目前为止，我们一直在绘制像图 2.1 这样的图，时间指向上方，用水平的坐标轴来表示空间中的一个或两个方向。但我们的世界并不是这样的。我们生活在三个空间维度中：前后、左右、上下。添加第四维度——时间——是非常难以想象的。

为了帮助我们理解时空的概念，让我们退后一步，想象一个被称为平面国的二维世界，由平面生物居住。[X]平面国居民可以四处漫游，前后、左右，但永远不能上下。他们平面的眼睛只能看到平面上的平面物体，他们的平面大脑只能理解平面的事物。想象一下，如果著名的平面国物理学家平面斯坦敢于说空间实际上是三维的，他会受到怎样的对待。他声称："有另一个维度，另一个我们无法达到的方向。"并且用他的数学知识毫不费力地描述这个三维世界。

假设平面斯坦是正确的，实际上平面国居民确实生活在办公室的一张乱糟糟的大桌子上，如图 2.6 所示。第三维度是真实的，它是从桌子表面向上的方向，但平面国居民看不到它。自己的探索尚未揭示空间在桌子边缘结束，但他们已经发现有自己无法进入、无法穿越的区域。他们必须绕过咖啡杯、灯和书，并开始思考为什

||||||||||||||||||||||||||||||||||||||||||||||||||

X　我们的灵感来源于埃德温·艾勃特（Edwin Abbott）在 1884 年所著的小说《平面国：多维度的浪漫》（*Flatland: A Romance of Many Dimensions*），可能还受到了唱片《平面节拍》（由弗莱特·埃里克主演）的影响。

[2.6]

么禁区有时是圆形的，有时是长方形的，偶尔还有其他一些不太规则的形状。此外，这片土地上还分布着亮区和暗区，它们的形状和大小会发生变化。

仅根据在平面桌面上做的观察，平面斯坦是如何推断出世界中有一个额外的维度的呢？他说："这都与那些变化的亮区和暗区有关。我知道它们是什么。是阴影。"

平面斯坦使用数学来确定阴影是三维空间中的物体（咖啡杯和书）的二维投影，并推断出投射阴影的物体的三维形状。阴影偶尔会改变形状，平面斯坦正确地将其解释为更高维度的光源的变化。从我们三维的视角看，会立即看到这是由于有人移动了台灯。

[2.6] 平面国。

也许你可以看到这种类比。时空间隔——不随观察视角变化的事物——存在于四维时空中。空间的距离和时间的差异只是影子；当我们在日常经验的三维世界中采取不同的视角时，它们就会发生变化。我们无法想象生活在四维中的东西，就像平面斯坦无法想象一个咖啡杯、灯或书一样。但这并没有阻止他从自己生活的二维世界中抬起视线，去欣赏三维空间的真实现实和桌面上不变的物体。

通过进一步拓展平面世界的类比，我们也可以对广义相对论如何适用于这个图景有所了解。平面国居民可能倾向于假设他们的桌面是平的。如果是这样的话，穿过平面世界的平行线将永远不会相交，三角形的内角之和是 180 度。我们称这种平面几何为"欧几里得几何"。

然而，如果桌子稍微弯曲变形，平面国居民将发现与欧几里得几何的小偏差。如果他们使用精确的测量设备，会惊讶地发现三角形的内角和并不精确地等于 180 度，平行线会彼此相交或分离。正是在这个意义上，我们谈到，在爱因斯坦的引力理论中空间是弯曲或扭曲的，这就是我们试图在图 2.5 中说明的。

平面世界帮助我们想象空间如何拥有比想象中更多的维度，也帮助我们想象空间是如何被扭曲的。通过降低一个维度，我们可以看到二维空间（桌面）嵌入三维空间（房间）的更大画面。我们不能超越自身来看四维时空的更大画面，因为我们的想象力只限于以三维或更少的维度来描绘事物。在这个意义上，我们非常像平面国居民，注定只能以有限的维度来看世界。

适应高维空间的想法并不容易，但能提供一些安慰的是，专业物理学家在想象四维时空方面并不比你更好。当谈到时空时，我们都是平面斯坦，只能盯着阴影看。幸运的是，我们不必试着去想象宏伟的四维时空。通常情况下，我们可以在脑海中减少一些维度，这样并不会丢失任何重要的东西。我们已经在探讨狭义相对论的基本原理时使用的时空图中看到了这一点，其中（除了图 2.1）我们只描绘了单一的空间维度和时间维度。如果我们试图画出二维空间，我们的理解并不会得到增强，尽管它可能会使我们的图表看起来更漂亮。如果试图画出所有三个空间维度和时间维度，我们则会遇到麻烦。

在研究黑洞的过程中，我们很少需要跟踪一个以上的空间维度，因为我们主要关注的是到黑洞的距离。我们最感兴趣的是几何形状的扭曲如何影响因果关系，这意味着需要持续跟踪光锥。为了完成这项工作，物理学家已经花了一个世纪的时间，终于提出了一个很好的可视化方案，其中最广泛使用的方案是以罗杰·彭罗斯命名的"**彭罗斯图**"。在接下来的两章中，我们将介绍彭罗斯图。有了这些美丽的时空地图，我们就可以准备启程航行至地平线（视界）之外。

3.

将无限带入有限
● Bringing Infinity to a Finite Place

物理学家经常从美学角度来描述广义相对论，这是最常与"美丽"一词联系起来的理论。"美丽"意味着一种在公认为晦涩的数学中不容易看到的优雅和简约。有一件关于阿瑟·爱丁顿的轶事，当有人对他说他是世界上仅有的三个理解爱因斯坦理论的人之一时，他停顿了一下，回答说，"我正在试着去想第三个人是谁。"这个形容词更多的是用来描述支撑这个理论的优雅和简洁的思想，以及引力即几何的优美观念。惠勒用一句话表达了广义相对论的核心思想："时空告诉物质如何运动，物质告诉时空如何弯

黑洞

55   将无限带入有限

曲。"广义相对论的难点在于计算时空是如何弯曲的，除了那些非常简单的物质和能量组合，对于其他的任何事物，找到爱因斯坦方程的精确解并不容易。黑洞是自然界中我们可以精确计算时空几何的少数案例之一，一旦我们有了几何形状，就可以用图像来表示它。这项工作的挑战在于，如何找到最有效的方法将黑洞周围的时空绘制在一张纸上。平面纸是二维的，而时空是四维的，这会使绘图变得困难（即使在乐观估计下）。如果时空是弯曲的，那么就会带来额外的困扰，并且不可避免地会产生扭曲。一个巧妙的方法是绘制尽可能少的必要维度，正如我们在第二章中看到的。一般情况是一个空间维度加上时间维度，并选择特别的扭曲，让那些我们感兴趣的性质以一种便于理解的方式呈现出来。

有一个我们都很熟悉的图像，它以一种精巧的方式引入了扭曲方式，将一个弯曲的表面表示在一张平面的纸上——这就是地球表面的地图。人们已经设计出许多表示球面的方法，但我们尤其感兴趣的是图 3.2 中所示的方法。墨卡托投影法由杰拉德·德·克雷默（Gerard de Kremer）[1]于 1569 年提出，是专门为航海设计的。水手关心的是罗盘方位，可能还有其他一些与这本书无关的东西，所

||||||||||||||||||||||||||||||||||||||||||||||||||||||

1. 克雷默将自己的名字改为了赫拉尔杜斯·墨卡托·鲁佩尔蒙达努斯（Gerardus Mercator Rupelmundanus），其中 Mercator 是 Kremer 的拉丁语翻译，意为商人。

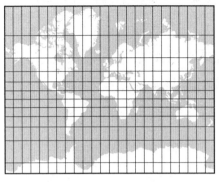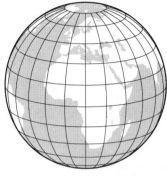

[3.2]

以墨卡托投影法的定义是，地图上任何点的角度都等于地球表面上
该点的罗盘方位。这意味着导航员可以在地图上的两个位置之间绘
制一条直线，这条线与垂直线的夹角就代表船只在这两点之间航行
应保持的北向航向角度。这种方法的代价是地图上的距离被扭曲，
而且这种扭曲随纬度的增加而增加。在墨卡托投影法上，格陵兰岛
看起来与非洲一样大，但实际上它比非洲面积的 **1/14** 还要小。在
极地，扭曲变得无穷大，无法在地图上表示。墨卡托投影法是一个
正形投影的例子，这意味着角度和形状是以距离和面积的扭曲为代
价保留下来的。

　　我们在第二章中画的时空图在每
个方向上都无限延伸：时间永远在纵

[3.2] 南纬 85° 至北纬 85° 之间的地球
表面的墨卡托投影。

向延伸，空间永远在横向延伸。这并不是必要的，除非我们想要描述永恒情况下的物理，但如果想要可视化黑洞附近的时空，这就恰好是我们想要做的事。因此，如果我们要塑造一个对黑洞的直观印象，就需要找到一种将无限带到有限的纸张上的方法。而彭罗斯找到了这样一个优雅的方法[II]。

彭罗斯图

图 3.3 显示了平直时空的彭罗斯图。所谓的**平直时空**，我们指的是没有引力的宇宙，这就是我们在第二章讨论的狭义相对论的时空。平直时空通常又被称为闵可夫斯基时空，其名字来源于赫尔曼·闵可夫斯基（Hermann Minkowski），他首次提出了时空的概念："我想在你面前展示的时空观源于实验物理学的土壤，这赋予了它们力量。它们是激进的。从此，空间和时间本身都注定会消失成为泡影，只有二者的某种联合才能保持一种独立的现实。"[III]如我们所讨论的，物质和能量会扭曲时空，所以在有行星、恒星或黑洞的地方，几何结构会改变。但作为热身，我们将首先专注于简单、

||||||||||||||||||||||||||||||||||||||||||||||||||

II． 彭罗斯在 20 世纪 60 年代早期提出了他的图解方法，后来被澳大利亚理论家布兰登·卡特大力推崇。今天，共形时空图通常被称为卡特–彭罗斯图。
III． 这段话出自 1908 年闵可夫斯基在德国自然科学家和医生协会发表的题为《空间与时间》的演讲。

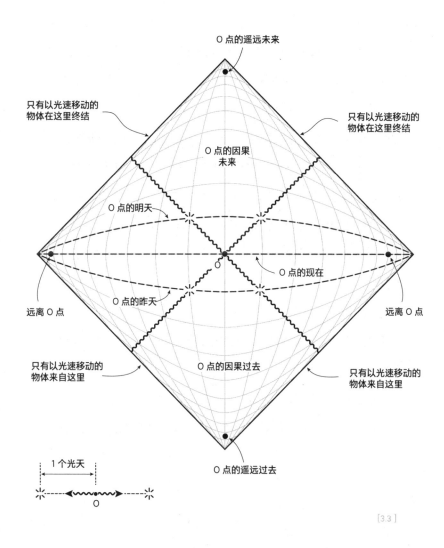

[3.3] 这是一个简化的、只包含一个
空间维度的平直时空的彭罗斯图。

O 点的遥远未来

只有以光速移动的
物体在这里终结

只有以光速移动的
物体在这里终结

O 点的因果
未来

O 点的明天

O 点的现在

O

O 点的昨天

远离 O 点

远离 O 点

只有以光速移动的
物体来自这里

O 点的因果过去

只有以光速移动的
物体来自这里

O 点的遥远过去

1 个光天

O

[3.3]

59

将无限带入有限

普通或花园般的平直时空：一个没有任何东西扭曲其结构的宇宙。

平直时空的彭罗斯图是一件精美的事物：所有的空间和时间都被压缩到一个有限大小的菱形区域。在一个无限的、永恒的宇宙中，过去和未来的每一个事件都在这张图上有一席之地。它被极度扭曲，也必须这样（我们才可以在一页纸上捕捉到无限），但这个扭曲的方式是经过精挑细选的[IV]。就像墨卡托投影一样，彭罗斯图也是一个正形投影：角度被保存下来，但以页面上的距离被扭曲为代价。这意味着光线总是沿着 45 度斜线行进，所有的光锥都垂直排列，就像第二章的时空图一样。因此，在任何地方，我们都可以认为时间垂直向上。因为光锥定义了过去和未来的概念，并告诉我们一个特定的事件是否会影响另一个事件，所以它们至关重要。如果我们对黑洞附近的时空事件之间的关系感兴趣，那么我们需要一个简单直观的光锥规则。正如其宣称的那样，彭罗斯图另一个美丽的特性是它将无穷引入页面上的有限位置，不仅仅是一个，而是五个位置。

图 3.3 中的菱形，代表了一个无限的平坦宇宙，它以一个特定的事件为中心，我们将其标记为"0"。这个中心点没有什么特殊

||||||||||||||||||||||||||||||||||||||||||||||||

IV　这里所说的扭曲与物质导致的时空扭曲无关。我们讨论的是为了使其适应于纸张，进而需要将其扭曲地表示。

的。我们可以选择时空中的任何一个事件来作为图的中心，当然通常会选择一个感兴趣的事件。假如将我们想要研究的事物描绘在最扭曲的区域——也就是菱形的角落，这会是一个古怪的选择，但如果我们真的想这么做，也完全可以。请记住，我们在这个图中捕捉到了所有的空间和时间，所以每一个发生过和将要发生的事件都在某个地方被描绘出来。"所有的空间"被限制在一维——左和右，只是为了更易于绘制。我们本可以画出另一个空间维度，但它不会增进理解，反而会使图像变得复杂。我们已经在图 3.2 中展示了添加另一个空间维度的样子。自由选择在哪里作为中心的特性也适用于墨卡托投影。例如，如果我们有兴趣在极地区域航行，可以选择新加坡作为"极点"。然后，新加坡周围地区的扭曲会非常严重，但这种情况下的地图对于格陵兰岛来说是合理的。

既然我们可以选择时空中的任何事件作为图的中心，那么让我们选择一个重要的事件：你的出生。为了这个讨论，仅此一次，让整个宇宙（至少在这种表示的宇宙中）都围绕着你转。通过0点的对角波状线标记了0的未来和过去的光锥。我们已经将光锥内的这两个区域标记为"0的因果未来"和"0的因果过去"。任何在未来光锥内的事件都可以从0点到达，任何在过去光锥内的事件都可以和0点进行通信。由于0是你的出生，你的世界线必须在未来光锥内蜿蜒。

光锥可以被视为两个从遥远的过去开始旅行的光脉冲在时空中的路径，这两个光脉冲碰巧在事件0处相遇，然后前往遥远的未来。一个光束从左边进入，另一个从右边进入。请记住，这个图上只表示了空间的一个维度。我们在图 3.3 左下角"只有空间"的图上勾画了这个情况。两束光从不同的方向朝0移动，然后经过0，并在0点相交。在两个路径上标出来了两次闪烁，告诉我们光束在达到0之前的一天和经过0之后的一天的位置。

我们提到，这两束光在遥远的过去开始它们的旅程，并朝着遥远的未来前进。如我们所画，每一束光都源自菱形的底部对角线边缘，并结束于相对的顶部对角线边缘。如果它们永远在宇宙中穿行，顶部的边缘是所有光束最终会到达的地方。你可以看到，从图中任何事件发射出的任何光束都会到达那里，因为所有的光束都以 45 度角传播。因此，顶部的边缘被称为**未来类光无限远**。同样，任何在无尽的过去发射出的光束都会在底部的边缘开始它的旅程。这些边缘被称为**过去类光无限远**。

现在，让我们关注图上的网格线。在0附近，网格看起来像一张方格纸，但更接近边缘的地方，网格越来越扭曲。这是超级鱼眼镜头的效果：通过在不同地方进行不同程度的收缩，无尽的空间和时间被收缩进菱形中。离中心越远，收缩就越强。在地球表面的墨卡托投影上，当我们离赤道越远，拉伸就越强烈，而两极会被无限拉伸，这就是我们不能画出极地区域的原因。在彭罗斯图上，随着我们远离菱形的中心，收缩逐渐增强，在无限远处的收缩程度达到了无穷大，因此我们能够在一个菱形中画出整个无尽宇宙。

这个扭曲的网格是一种测量时空事件坐标的方式，就像经纬度的网格让我们能够测量地球表面上位置的坐标一样。通过图 3.2，你可以看到，纬线在墨卡托投影上的扭曲在向两极方向变得更明显，这影响了地球表面两点之间的距离在地图上的视觉表示。重要的是要明白，网格本身和相应的坐标选择完全是任意的。在地球上，这种选择一定程度上是由地球的自转和地理两极的位置决定的，但也取决于历史因素。球体的几何形状并没有迫使我们以通过伦敦格林尼治天文台的子午线为基准来测量经度。

同样，在时空中任何网格都可以使用，尽管有些网格比其他网格更有用，就像对于地球一样。例如，非旋转的黑洞是球形的，所以在描述黑洞附近的时空时，我们会选择适合球形几何的坐标网格。但是，值得强调的是，我们选择的网格甚至不需要对应于任何人的空间或时间概念。这只是一个网格，铺设在时空上，便于我们标记事件。最重要的是，当我们使用网格计算特定路径的间隔时，这个距离会是一个不变量（这意味着它与网格的选择无关）。类似的，在地球上，伦敦和纽约之间的距离并不取决于我们如何定义经度和纬度。

也就是说，图 3.3 中彭罗斯图的网格确实对应于某人的空间和时间观念：这个人就是你。让我们关注你出生的那一刻，我们已经把它标记为菱形中心的事件O。通过O的水平虚线代表了所有的空间——对你而言的"现在"。从你的角度看，"现在"线上的每一个事件都在你出生的那一刻同时发生。

我们现在需要更清楚地理解"从某人的角度看"的含义。想象一下，表示"现在"的线（即经过O点的水平虚线）是由一系列的时钟组成的，它们全部和你出生时的时钟同步。它们沿线均匀地排列，我们可以想象它们是用小尺子连起来的。每个时钟相对于O点的时钟都是静止的。随着时间的推移，这条线上的时钟会向彭罗斯图的顶部进发，走向未来。这些时钟的世界线由图上弯曲的垂直线表示。位于O点的时钟——即你出生时的时钟，从你出生时与你保持相对静止——直线上升进入未来。如果你不移动，那么垂直线也会是你的世界线。其他的时钟也沿着我们将要提到的直线世界线移动，尽管它们在彭罗斯图上是弯曲的。

假设"明天"就是你出生后的整整 24 小时。整条时钟线将会向图的上方前进到未来，并且将会沿着被标为"O的明天"的虚线排列ᵛ。同样，如果"昨天"是你出生前的整整 24 小时，那么所有

||||||||||||||||||||||||||||||||||||||||||||||||||||||

Ⅴ． 在三维空间中，时钟不是分布在一条线上，而是遍布整个空间。

的时钟将会位于被标为"0的昨天"的线上。因此，图上所有的弯曲的水平线都是空间的切片，从你的视角来看，它们是不同的时刻[VI]。只有当我们足够仔细时，才能准确地说出"0的明天"（你出生后的一天）的意思。随着本书的展开，你会开始欣赏这种表面上的繁琐的重要性。如果你一生都相对于这组时钟静止，那么水平线就是你所有的"天"，一天叠着一天。在死亡事件终结你的世界线时，你的"明天"会走向终点，但是在彭罗斯图上的"明天"会延伸到无尽的未来。正如莎士比亚的《麦克白》中所言："明日复明日，徐徐趋行之，一日复一日，音希日尽矣。"[VII]

我们现在要在图中确定剩下的三个无穷大。假设我们想象中的时钟一直存在，并将永远存在，每个时钟的世界线从菱形的底部顶点开始，结束于顶部顶点。如果你回忆起前一章，除光之外的任何事物都必须沿着类时世界线移动[VIII]，因此可以携带一个时钟。任何沿类时世界线运动的（不朽）物体将从菱形的底部顶点开始，结束于顶部顶点。底部顶点被称为**过去类时无限远**，顶部顶点

|||||||||||||||||||||||||||||||||||||||||||||||||||||||

VI. 这个图像可以扩展到三维空间。时钟将形成一个覆盖整个空间的三维格子，人们可以想象一个由尺子连接的格子网。在相对论的术语中，这样的时钟和尺子的格子网被称为惯性参考系。

VII. 这段话的原文为 "Tomorrow, and tomorrow, and tomorrow, Creeps in this petty pace from day to day, To the last syllable of recorded time."。

VIII. 准确地说，应该是任何质量非零的物体。

被称为**未来类时无限远**，即"音希日尽处（时间记录的最后一个时刻）"。

所有水平的"现在"线，代表了无限的空间切片，都在菱形的最左和最右顶点开始和结束。这些切片上任何两个事件之间的时空距离，就只是通过尺子测量这两个事件之间的空间距离。因此，菱形中的另外两个顶点与离0点无限远的事件相对应，被称为**类空无限远**。

彭罗斯图把无限带到了一个有限的地方。在我们思考黑洞时，这种在一张图上描绘无限空间和永恒的能力将非常有用。但首先，让我们来用平直时空的彭罗斯图讨论一些有趣的问题，以此来探索爱因斯坦狭义相对论的一些著名结论。

不朽者

在第二章中，我们回到了 1974 年的圣诞节，一家人围着电视机，边看边争论，跳闸断电。我们也看到，从一个视角来看同时发生的事件，从另一个视角来看并不会同时发生。更普遍地说，彼此相对运动的观察者对事件之间的空间距离和时间差异会有不同的看法，但他们对事件之间的时空间隔总是达成一致。有了彭罗斯图，我们可以对正在发生的事情有一个更详细的描述。

我们假设有两个观察者，小黑（黑色虚线表示）和小灰（灰色虚线表示），他们以相对于彼此恒定的速度移动。图 3.4 展示了一幅彭罗斯图，包含了两个观察者的世界线。他们的生命是不朽的，并且选择用他们的无限生命为我们进行下列视觉演示。作为不朽者，他们的（类时）世界线从菱形的底部顶点（过去类时无限远）开始，结束于顶部顶点（未来类时无限远）。这些不朽者携带着相同的手表，并约定每三小时拍一次手。他们世界线上的点标记了与拍手相对应的时空事件。

　　不朽者为了服务于教育而选择了重复但富有科教意义的事业，这比道格拉斯·亚当斯（Douglas Adams）小说里的角色"无尽延长沃巴格"（Wowbagger the Infinitely Prolonged）更为高尚，同样作为不朽者的这个角色决定通过按字母顺序侮辱宇宙中的每一个人来消解永生的无聊。他称阿瑟·登特为"一个十足的小人"。沃巴格的世界线会从菱形内部开始，而不是从过去的类时无限远，因为他在过去的某个有限时间里由于一次事故而变得不朽，据说这个事故与橡皮带、粒子加速器和液态午餐有关。他的世界线仍然会在未来的类时无限远结束，这给他留下了足够的时间完成任务。[IX]

||||||||||||||||||||||||||||||||||||||||||||||||||||||||||

IX. 道格拉斯·亚当斯（1952—2001），英国著名的科幻小说作家，代表作是《银河系漫游指南》系列作品，沃巴格和阿瑟·登特是这个系列中《生命、宇宙及一切》一书中的人物。

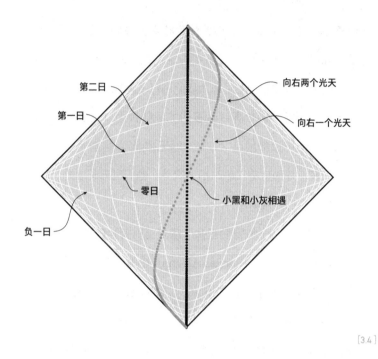

第二日

第一日

向右两个光天

向右一个光天

零日

小黑和小灰相遇

负一日

[3.4]

　　图 3.4 中彭罗斯图上的网格与图 3.3 中的网格相同。对小黑来说，它对应于保持静止的一套钟表和尺子。相对于小黑，小灰以匀速从左到右移动。首先确保我们能够通过图像来理解这个事实。在彭罗斯图的中部，小黑和小灰在同一个时空点，这意味着他们在那里短暂相遇。让我们把那个时刻称为"零日"（Day Zero）。从小黑自己的视角来看，她并没有进行空间移动，这意味着她沿着网格中的垂直线行进。由于她是从图的中间开始的，她会沿着垂直的网格线行进。如果她从左边或右边的某个地方开始，那么她会沿着一

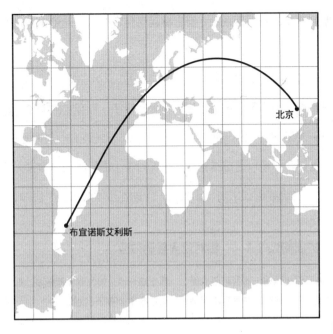

北京

布宜诺斯艾利斯

[3.5]

条弯曲的垂直线行进，但在这两种情
况下，她都不会相对于网格移动。对
于那些在长途飞行中无聊到盯着座位
上方的屏幕上的地图的人来说，他们
很熟悉直线的弯曲外观。图 3.5 显示
了从布宜诺斯艾利斯到北京的"大圈"
路线在墨卡托投影上的情况。这是地
球曲面上的一条直线——从布宜诺斯

[3.4] 两个观察者在时空中的移动轨
迹。根据小黑的视角，小灰正以匀速从
左向右移动。这个网格使用一组相对于
小黑静止的时钟和尺子来测量距离和
时间。

[3.5] 在墨卡托投影的世界地图上，
从布宜诺斯艾利斯到北京的大环线。这
是一条直线——地球表面两点间的最
短距离。

艾利斯到北京的最短距离——但它看起来是弯曲的，这是由于地图是球体表面在平面纸上的扭曲投影。

小灰确实在相对于网格移动。在经过小黑两天后，我们看到小灰已经相对于小黑（按照小黑的钟表和尺子，即黑色的网格）走了一光天的距离。再经过两天的旅行，小灰已经距离小黑两光天，以此类推。我们可以得出结论，小灰相对于小黑行进的速度是光速的一半[X]。在继续阅读之前，请检验一下你是否理解了这个图像。

░░ 扩展阅读 3.1　　相对论多普勒效应

为了深化理解，冒着可能会使问题复杂化的风险，注意到小黑通过使用网格来记录事件，我们可以将其视为与她相对静止的一组时钟和标尺网络。有一点非常重要，她并没有根据她的眼睛所看到的来得出结论。实际上，在他们相遇之前（零日之前），小黑看到小灰的生活在快进（与慢动作相反）；而在他们相遇之后（零日之后），她会看到小灰的动作变慢了。从图 3.4 中可以算出这一点，如果你喜欢挑战，那么这是非常值得一试的。

下面是它的原理：由于光沿 45 度线运动，而我们是通过光线来看事物的，所以在负一日（零日前一天），小黑在看到小灰时，小灰其实在负二日（零日前两天）。在接下来的 24 小时内，即他们在零日短暂相遇的过程中小黑按照惯例拍了 8 次手，而小灰拍了 14 次，这意味着，在小黑看来，小灰的拍手

||||||||||||||||||||||||||||||||||||||||||||||

X. 实际上，小灰相对于小黑的移动速度为光速的 48.4%，如果你仔细看图，你大概能看出来。我们会在下一个脚注中解释清楚选择 48.4% 的原因。

速度更快。在他们相遇之后，情况会反转，小黑看到的小灰的拍手速度更慢；她看到小灰每天的拍手次数不到五次。读者可以自行通过数点（即拍手次数）和考虑到 45 度的光束计算出这一点。

关键在于，在相对论中，我们需要非常明确地说出时间差异是如何确定的。（使用像眼睛这样的工具）"看到"的事物与使用时钟和标尺网络来测量时间的流逝可能会有很大的不同。我们刚才讨论的效应被称为相对论多普勒效应，它对光检测器的位置（即眼睛所在的位置）非常敏感。这就是为什么小灰在经过小黑时，他的动作会从快进变为超慢。对于声音信号，有一个大家更为熟悉的类似效应（多普勒效应），在救护车经过身边时，我们会听到警报声的音调发生变化。这个例子给我们的启示是，在相对论中使用"看到"这个词时需要格外小心。

小黑和小灰看起来好像在遥远的过去和遥远的未来相遇，不过不要因为这个事实而感到困惑。实际上他们并没有在那些时刻相遇，因为在菱形的顶部和底部，空间被无限压缩（你可以看到所有的网格线在那里聚集）。实际上这些不朽者只有在零日才会相遇一次。

接下来的挑战是使用图像来理解，与小黑的手表相比，小灰的手表运行得较慢。请观察一下小黑的世界线：她每三小时拍一次手，这意味着她每天在自己的世界线上拍八次手。现在看一下小灰的世界线。他做同样的事情，但根据小黑的网格（即小黑的手表），他每天只拍七次手。关键是，这不是由我们绘制图表的方式造成的某种视觉错觉。在小黑看来，小灰所做的一切都放慢了速度，这意

味着从小黑的角度看，小灰的整个生活都是以慢动作进行的。**XI**

现在，让我们改变视角，从小灰的角度考虑一切。在图 3.6 中，我们改变了网格，现在它代表了与小灰相对静止的时钟和标尺进行的测量。相对论就是因为这种运动的相对性而得名——谁是静止的，谁是运动的，只是一个视角。现在小灰不动，这意味着他的世界线沿着网格线蜿蜒。和以前一样，小灰和小黑每三小时按照他们各自的手表拍一次手，但现在是小黑一天只拍七次手。小灰得出的结论是：小黑的生活是慢动作的。此时他们的角色已经完全颠倒。

在这一点上，你完全有权利大声地宣称这是胡说。小黑的时钟显示小灰比小黑老得慢，而小灰的时钟显示小黑比小灰老得慢，这怎么可能呢？这听起来不可能，但令人惊讶的是，这并没有矛盾。这个"问题"的出现是因为，我们沿着牛顿的脚步**XII**，对宇宙时间和空间有了一个固化的概念。相反，我们需要重新调整大脑，并关注世界线——不朽者在时空中描绘出的路径——以及他们用来描述世界的标尺和时钟的网格。小黑的网格（如图 3.4 所示）与小灰的网格（如图 3.6 所示）是不同的。横贯彭罗斯图的大致水平的网格线代表每个不朽者的"现在"空间。竖直运行的网格线代表所

||||||||||||||||||||||||||||||||||||||||||||||||

XI． 如果你知道一点狭义相对论（如果你读过我们之前的书《为什么 $E = mc^2$？》你就会知道），你可能会注意到因子 8/7 = 1.14，对应于 $v = 0.484$ 时的 $1/\sqrt{(1-v^2)}$。

XII． 当然，当牛顿自己也站在巨人的肩膀上时，这就有点困难了。

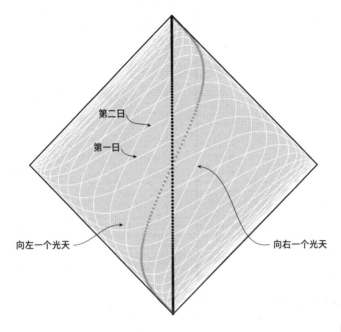

第二日

第一日

向左一个光天

向右一个光天

[3.6]

有的时间。但是网格并不相同。小灰的空间是小黑的空间和时间的混合，反之亦然。我们很难接受空间和时间的划分是主观的，因为我们的个人经验认为它们是根本不同的事物，且不能混合。但这并不是真相。它们之间的分隔是因人而异的；这取决于我们的视角。

双生子佯谬

[3.6] 两个观察者在时空中的移动轨迹。从小黑的视角看，小灰正匀速从左向右移动。现在的网格代表了一组相对于小灰静止的时钟和尺子。

你可能会说，那很好，但是

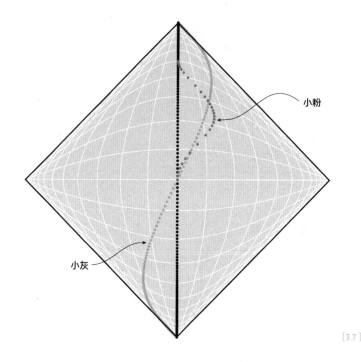

如果不朽者决定在未来再次相见会怎么样呢？然后我们确实会出现一个悖论，因为我们将能够区分谁变得更老了。那是对现实的直接观测，我们不能两面都要。的确，我们不能。这种表面上的悖论有时被称为双生子佯谬。

为了看清为什么双生子佯谬不是一个悖论，让我们引入第三个不朽者，将其称之为小粉。我们已经在图 3.7 的彭罗斯图中添加了她的世界线。我们现在有一个三胞胎悖论。三个不朽者在零日的一个瞬

[3.7] 双生子佯谬。

间相遇。正如以前一样，小灰以光速的一半的速度掠过小黑，小粉驾驶她的宇宙飞船沿着一条路径飞行，这条路径可以让她在未来再次遇到小灰和小黑。让我们看看小粉的世界线来了解她在做什么。在零日之后，小粉从小黑那里加速离去，刚开始移动得很慢，这就是为什么在他们的世界线中刚开始的两次拍手几乎重合。然后她开始加速并赶上小灰。当小粉和小灰相遇（在第一天结束时），我们可以问一个必须得到明确答案的问题：小粉和小灰，谁老得更快？通过沿着他们各自的世界线数点，我们得知小粉拍六次手，而小灰拍七次手，所以小灰老得更快。

尽管这个想法非常违反直觉，但是如果你回忆一下第二章，类时世界线的长度就是沿着那条世界线运行的手表所测量的时间，你就很容易理解为什么小灰比小粉更老。只依据这个想法，就很容易看出小粉和小灰的衰老速度不同，因为小粉与小灰的世界线在他们的两次会面之间是不同的。但是谁的世界线更长，要通过计算才能明显地看出来。通过统计在图上的拍手次数，你可以看到这一点。我们用第二章的时空间隔方程进行了计算。

让我们继续关注小粉的旅程。大约一天后，她的飞行速度非常接近光速，这一点你可以从彭罗斯图看出，因为她的世界线几乎呈 45 度角。然后她将宇宙飞船调头并点火进行减速，最终完全改变方向。她再次与小灰相遇，两个不朽者可以再次比较他们的年

75　　　　　　　　　　　　　　　　　　将无限带入有限

龄。计算拍手的次数，自从他们在零日首次相遇以来，小粉的时间已经过去了 17×3 = 51 小时，而小灰的时间过去了 20×3 = 60 小时。最后，小粉返回到小黑身边。她的手表已经过去了 28×3 = 84 小时，而小黑的手表过去了 120 小时（你不需要通过计算拍手次数就可以得出这个结果，因为根据黑色的网格，如图所示的那样，这次会面发生在五天后）。这就是真正的时间旅行。当他们再次相遇时，小黑比小粉老了更多。令人着迷的是，只要有足够快的宇宙飞船，你可以通过时空旅行到达无限远的未来。仙女座星系距离地球 250 万光年。如果小粉有一艘可以以 99.9999999999% 光速飞行的宇宙飞船，她往返仙女座星系需要 18 年。然而，当她返回地球的时候，地球上已经过去了 500 万年。

这里有一个被称为**最大老化原理**的一般性原理在起作用。对于任何其他一个人，如果他和小黑、小灰一起从零日出发，采取不同的时空路径，然后与他们再次相遇，小黑和小灰会比他衰老得更多。小黑和小灰的特别之处在于，他们从未启动火箭发动机加速或减速。我们称小黑和小灰在事件之间的路线为时空上的"直线"，因为他们不加速[XIII]。

||||||||||||||||||||||||||||||||||||||||||||||||

XIII . 顺便提一下，你可能会注意到，在时空中，直线路径比任何非直线路径要长。这是因为时空的几何结构并非欧几里得几何。如果是欧几里得几何，间隔将由勾股定理给出：$(\Delta\tau)^2 = (\Delta t)^2 + (\Delta x)^2$。但是时空间隔包含一个负号：$(\Delta\tau)^2 = (\Delta t)^2 - (\Delta x)^2$，这个负号导致了所有的差异。平直时空的几何结构是数学家所称的双曲几何。

视界

在我们对平直时空的最后一次探索中，我们将探索加速度，从而沿着爱因斯坦的足迹走向广义相对论。在图 3.8 中，我们新引入了一位不朽者，他从远古开始从右向左以接近光速的速度行驶。我们将这个不朽者命名为"林德勒"，以纪念首次引入"事件视界"这个词的物理学家沃尔夫冈·林德勒（Wolfgang Rindler）。林德勒稳定地减速，直到他在零日到达离小黑最近的地方。从图上你应该能够看到，在距离小黑刚过半光天的地方，他相对于小黑是暂时静止的。接着他开始加速离去，向着无限远处，一直以接近光速的速度移动。在旅程的前半部分，火箭在减速，而在后半部分，它在相对于小黑加速。林德勒行进的加速度是恒定的，这是通过他的宇宙飞船上的加速度计测量出来的，尽管他不需要仪器来告诉自己正在加速。他会通过一个将他推向座椅的作用力感觉到恒定的加速度，让他不会在飞船里"失重"。记住这个想法，因为它将非常重要。

这种不断加速的观察者的轨迹被称为林德勒轨迹。请注意，尽管林德勒永远在加速，但他的世界线永远不会在彭罗斯图上达到 45 度。那是因为，无论他加速多久，他都不可能超过光速。林德勒轨迹最引人注目的是，他始终保持在我们标记为"1"的右侧阴影区域内。他可以看到旅途中在这个区域内发生的任何事情。我们

将无限带入有限

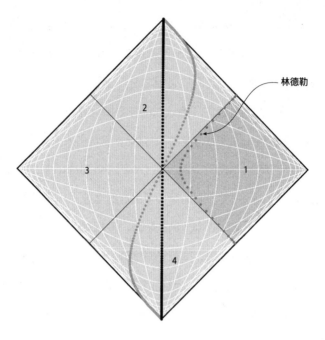

林德勒

说的"看"，就是"看"的字面意思，即光可以从区域 1 内的任何
事件出发并抵达他的视线中。为了证实这一点，可以选择区域 1 内
的任何一点，并检查从那点发出的 45 度光束是否会与林德勒的轨
迹相交。同样，林德勒也可以在旅程中的某个时刻向这个时空区域
内的任意事件发送信号**XIV**。

[3.8] 一个不朽的观察者"林德勒"
正在以恒定的加速度前进。

XIV．另一种理解方式是注意到，因为林德勒从区
域 1 的底部开始，所以区域 1 的所有部分都位于他
的未来光锥内。

从图中可以看出林德勒无法接收来自区域 2 和区域 3 的信号，这是因为任何等于或小于光速行驶的东西都无法从这些区域进入区域 1。区域 2 和区域 3 在林德勒的视界之外。实际上，区域 3 尤其孤立，因为区域 3 内的任何人也无法接收来自林德勒的信号。这两个区域完全没有因果关系。区域 4 有所不同，林德勒可以接收来自这个区域的信号，但他不能向其发送信号。林德勒的情况与小黑和小灰的情况非常不同，对于小黑和小灰，整个时空都是因果可达的。与他们相比，林德勒生活在一个更小的宇宙中。凭借他的加速度，他切断了自己与时空某些区域的联系。他所在区域的 45 度边界线通常被称为"视界"，因为信息不能双向流动。

我们在之前讨论引力和黑洞的段落中遇到过视界。现在我们看到，它们也出现在加速的观察者中。加速度和引力之间是否有概念上的联系？事实的确如此，当爱因斯坦首次意识到它时，他称之为一生中最快乐的想法。

最快乐的想法

我们都看过国际空间站上的宇航员的图片。他们悬浮在空中。如果宇航员抛出一把螺丝刀，它就会飘浮在他们身旁。水甚至也会以小球的形式在不受干扰的情况下飘浮，像迷人的、轻轻颤动的液体泡泡。为什么会这样？

　　　　　　　　　将无限带入有限

[3.9]

宇航员、螺丝刀、水以及国际空间站本身并未逃脱地球的引力。他们只是在地表上空大约 400 千米的地方，这个高度是商用飞机飞行高度的 40 倍。如果你从飞机上跳下来，你不会认为自己已经逃脱了重力而不打开降落伞。空间站也在向地球下坠，就和你从飞机上跳下来时一样，但是它相对于地球表面的运动速度足够快——8 千米/秒。这让它可以持续与地面保持距离。它能够以这种方式维持轨道运动，几乎不需要火箭的干预，因为在 400 千米的高度，空

[3.9] 林德勒的宇宙飞船。

气阻力非常小。我们说空间站是在自由落体状态下绕地球运动：永远向地面下落但永远不会到达地面。关键的一点是，自由落体与在远离任何恒星或行星的深空中的自由飘浮在局部上是没有区别的。也就是说，如果宇航员没有窗户，不能向外看到下面的地球，他们无法进行任何实验或任何观察来说服自己正处于一个行星的引力场中。这就是为什么在空间站中每一个物体都可以不受干扰地飘浮：没有任何力量去扰动他们，爱因斯坦将这一想法描述为"我一生中最快乐的想法"。这会让人立刻联想到引力的有趣之处，因为它可以通过自由落体而被消除。同样，引力效应可以通过加速来模拟。加速度与引力在局部没有区别，反之亦然[XV]。这个非常重要的想法被称为等效原理（the Equivalence Principle）。

设想林德勒以 1g（即 1 个重力加速度）的加速度进行加速[XVI]。在宇宙飞船内部，林德勒的体验和他在地球表面是一样的，他会舒服地坐在一把扶手椅上或在船舱里四处漫步。如果他没有窗户，他无法进行任何实验或观察来确认自己不在地球。如果他降低火箭的功率，将他的加速度降低到约 0.3g，他可能会想象自己正坐在火星

||||||||||||||||||||||||||||||||||||||||||||||||||||

XV． 我们说自由下落在局部是无法区分的，但是因为地球的引力场并不均匀，这在足够大的距离上是可以探测到的。例如，物体朝地球中心下落，这意味着两个在一定高度开始平行下落的物体在接近地面时会越来越接近。这被称为潮汐效应。在本书后面的部分，我们将再次遇到这些效应，在黑洞的背景之下，它们导致了拉面效应。

XVI． 1 个重力加速度等于在地球表面附近物体下落的加速度，约为 9.8 米 / 秒的平方。

表面。自然界的其他相互作用力都不是这样的。通过加速或移动无法消除带电物体之间的力。然而，对于引力来说，这是可能的。正是这个线索促使爱因斯坦以时空的几何学来构建他的引力理论。引力即几何。让我们来一起探索这个绝妙的想法。

▨ 扩展阅读 3.2　　将彭罗斯图扩展到二维空间

我们一直在一个只有一维空间的世界中讨论，在这种情况下我们的观察者只能沿一条线移动。我们不需要引入实际存在的其他两个空间维度，就可以理解相对论理论的大部分内容，这正如我们可以通过探讨沿直线移动的事物来理解牛顿力学的大部分内容。但是我们应该稍微讨论一下其他两个空间维度。

图 3.10 的左图显示了 2+1 维（这是 2 个空间维度和 1 个时间维度的标准符号）平直时空的彭罗斯图。它看起来像两个底面粘在一起的圆锥体。在任何特定的时间点，我们可以画出一个表示"现在"的平面，这不同于本章的 1+1 维彭罗斯图中表示"现在"的线。在两个圆锥锥体交界处（时间零）的"现在"平面是一个平坦的圆盘，随着时间的推移，"现在"平面会变成圆顶曲面，就像我们的线条被扭曲成曲线一样。

图 3.10 的右图更接近于我们在本章中一直在画的 1+1 维图。我们的菱形图是通过三角形的镜像对称得到的。通过围绕垂直虚线旋转三角形，得到完整的 2+1 维图。左图是 2+1 维度每一个时空点的完整表示。右图丢失了一些信息，因为整个圆圈被画成多个单点。

只有在 2+1 维的图中，光锥才看起来像锥体。在右图中，A 和 B 处的光锥看起来像"叉号"。还要注意，左图上的圆顶曲面在右图上呈现为一条线，图中"现在"平面和圆顶曲面上的圆实际上是同一

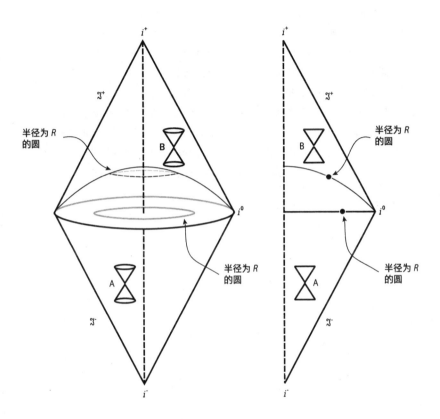

半径为 R
的圆

B

半径为 R
的圆

i^+

$\mathscr{I}^+$

B

半径为 R
的圆

i^0

A

$\mathscr{I}^-$

半径为 R
的圆

i^-

i^+

$\mathscr{I}^+$

i^0

A

$\mathscr{I}^-$

i^-

[3.10] 将彭罗斯图扩展到两个空间维
度。左边的图是通过绕右边的竖直虚线
旋转得到的。

将无限带入有限

半径。这个圆顶只是看起来更小，因为随着时间的推移，我们压缩了空间，使其能适应图像。

实际上，我们生活在 3+1 维度中。当然，我们画不出 3+1 维图，但是我们可以想象。现在，右图中的点将对应于整个球体，而不是圆圈。

最后一句话：我们已经利用这个机会引入了在本章中提到的五种不同类型的无穷大的符号。标记为 i^+ 和 i^- 的两个锥体的顶点是未来和过去的类时无限远——任何运动速度小于光速的事物的最终终点和起点。标记为 $\mathscr{I}^+$ 和 $\mathscr{I}^-$ 的圆锥体的表面是未来和过去的类光无限远，只有光束或其他能够以光速传播的事物才能到达。两个锥体交界处的圆圈标记为 i^0，标志着类空无限远——在任何时刻无限遥远的空间区域。

4.

扭曲时空
Warping Spacetime

1916 年，著名天体物理学家卡尔·史瓦西正在为德国东线军队计算炮弹轨迹，当时距离他去世仅不到五个月，他发现了爱因斯坦广义相对论方程的第一个精确解[1]。史瓦西的成就同样引人注目，因为在爱因斯坦的理论发表后，他仅用几周时间就推导出了这个解并将其寄给了爱因斯坦。爱因斯坦对此非常感兴趣，他回信写道："我怀着极大的兴趣阅读了你的论文。我没有料到有人能以如此简单的方式来给出这

||||||||||||||||||||||||||||||||||||||||||||||||||||||||

1. 该精确解发现于 1915 年底，在 1916 年初发表，史瓦西于 1916 年 5 月去世。

个问题的精确解。"史瓦西找到了准确描述星体周围时空几何的方程。回忆一下约翰·惠勒的格言："时空告诉物质如何运动，物质告诉时空如何弯曲。"**史瓦西解**描述了时空的曲率，然后就可以相当直接地计算出物体如何在其上运动。如今，史瓦西解是大学本科广义相对论课程的首要教学内容之一，并且在大多数情况下，它对行星轨道的预测和较为简单的牛顿预测相比只有微小的改进。但并非在所有情况下都如此，因为史瓦西解实际上也描述了黑洞，尽管他和爱因斯坦在 1916 年时并不知晓。

史瓦西提出的爱因斯坦方程的解是什么样的呢？我们在思考"平面国"的扭曲桌面时，其实已经瞥见了答案。平面斯坦和他的平面数学家朋友们发现，欧几里得的几何学不再适用，因为桌子的表面是扭曲的。三角形的角加起来不再刚好是 180 度，点与点之间的距离也不再符合熟悉的勾股定理。如果平面斯坦想要计算扭曲的平面国里两个地方之间的距离，他必须找到一种表示扭曲的数学方法。

为了热身，让我们暂时忘记时空，回到地球。地球的表面是弯曲的，这意味着我们不能简单地用勾股定理来计算相隔甚远的城市之间的距离，比如布宜诺斯艾利斯和北京的距离。我们可以很容易理解这一点，因为我们是三维生物，知道一个球体是什么样子。例如，如果我们在布宜诺斯艾利斯市区放下一把长 19,267 千米的尺子，它的另一端并不会落在北京。原因在于，尺子是平的，而地球不是。尺子会突出到第三个维度——它的另一端会超出地球表面，伸在太空中。不过，我们可以设想购买 2000 万把一米长的尺子，把它们头尾相接，沿着两个城市之间的大圆航线铺设。这些尺子可以按照地球表面的曲线轮廓来铺设（实际上，在遇到任何山脉时我们都要挖隧道穿过，从而保持尺子链始终与海平面持平，所以我们设想的是一个完全平滑的球形地球）。在几米的误差范围内，我们可以用这种方式测量地球表面两点之间的距离。如果我们想做得更好，可以将每把尺子做得只有一厘米长，甚至更小。更小的尺子有一个优点，它们能更好地贴合地球的弯曲表面。

我们可以用许多小的平面片段来构建一个弯曲的表面，这个想法在蒙特利尔生物圈上得到了很好的展示，这是巴克明斯特·富勒为 1967 年世界博览会设计的。从远处看，蒙特利尔生物圈是一个完美的球体，但近距离观察，我们可以看到它是由许多小的平面三角形"缝合在一起"，这些三角形彼此略微倾斜。任何形状都可以用这种方式构造，几何结构取决于如何组装平面片段。

在广义相对论中，弯曲的时空可以用同样的方式构建。许多小块的平直时空可以缝合在一起，形成弯曲的时空，而爱因斯坦方程的史瓦西解描述了在恒星附近它们是如何缝合在一起的。在每一小块平坦的片段上，事件之间的时空距离可以由一套时钟和尺子来

确定，即间隔 $(\Delta\tau)^2 = (\Delta t)^2 - (\Delta x)^2$。我们可以通过选择足够小的时空片段，使得在每个片段里平面空间的间隔公式都是一个很好的近似值，从而得到一个非常准确的描述。这就好比，尽管被许多小三角形分隔的两点之间的距离需要一个更复杂的计算方式（因为表面是弯曲的），但是在富勒的生物圈上，一个小三角形上的两点之间的距离可以用勾股定理来确定。

[4.1] 富勒为 1967 年世博会建造的蒙特利尔生物圈。

我们在图 4.2 中描绘了以这种方式拼贴的时空视图。如果我们是五维生物，具有双曲几何的直观感觉，就

黑洞

能够想象出如何将小片段缝合在一起，形成一个向第五维弯曲的"曲面"。这可不是一个容易的事情，但基本的思想相当简单。我们可以把弯曲的时空看作是由许多小块的时空平面片段铺成的，每个片段都相对于它们的邻居稍微倾斜，并有着自己的时钟和尺子网格。广义相对论所面临的挑战是确定如何将片段缝在一起。如果我们知道这一点，就可以通过把所有片段上的间隔相加，来计算在弯曲表面上相隔甚远的事件之间的间隔，就像我们通过铺设小尺子来测量布宜诺斯艾利斯和北京之间的距离一样。

弯曲时空在足够小的距离和时间间隔上可以很好地近似于平直时空，就像地球在足够小的距离上是平坦的，这正是爱因斯坦在他有了一生中最快乐的想法时心中所想的：

"那一刻，我一生中最快乐的想法来到了我心中……对于一个从房顶自由落下的观察者，在他的下落过程中不存在重力场——至少在他的邻近区域不存在。也就是说，如果观察者释放任何物体，它们会相对于他保持静止或匀速运动，这与它们各自的化学或物理性质无关。因此，观察者有理由将他的状态解释为静止状态。"

这段引文非常精彩，因为它阐明了爱因斯坦的思考方式。他起初并没有从数学角度思考问题，至少一开始是这样。他在简单的物理图像中思考，问简单的问题。重力可以通过下落而消除，这一事实表明了什么？如果在自由下落的观察者的邻近区域无法检测

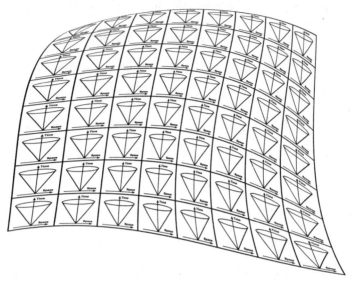

到重力，那么他们邻近区域的时空必须是平坦的。顺便说一句，我们考虑的是在一个理想的真空环境中的下落，忽略了空气阻力，所以不要困惑于从屋顶实际下落的情况。将问题简化，透过现象看本质。对于理论物理学家来说，所有的牛都是球形的，这就是为什么思维清晰的他们却会成为糟糕的农场主。引力是一种奇特的力，因为它可以通过下落来消除。爱因斯坦的天才之处在于，他看到了这个想法和另一个物理图像的联系，即引力可以被理解为时空的几何弯曲。引力的出现不是因为存在一种基本的

[4.2] 通过将许多微小的平坦区域缝合在一起来构建时空。

吸引力（就像我们在学校学的那样），而是因为在大质量物体附近，小的时空片段相对于它们的邻居倾斜。

如果没有引力，为什么人会从屋顶上掉下来并撞到地面？为什么月亮会围绕地球轨道运行？答案是人和月亮都在弯曲的时空中沿直线运动。如果回忆一下第三章中的双生子佯谬，我们可以更具体地解释。在那里，我们提到了最大老化原理。一个不加速的宇航员在时空的两个事件之间选择了一条路径，用手表测量这两个事件之间的时间间隔，这条路径上的测量结果是所有路径中最大的。在广义相对论中，最大老化原理被置于中心位置，作为一个自然法则来确定自由落体在弯曲时空中的世界线。正如爱因斯坦在他的描述中所说，处于自由下落状态的观察者"有理由将他的状态解释为静止状态"。这意味着，自由下落物体在弯曲时空中所走的路径必须是能将手表上的时间最大化的那条路径。在每个平坦的小片段上，这条路径将是穿越该片段的直线，但在弯曲的时空中，这些片段缝合在一起形成一条曲线。这个结果完全类似于地球上平坦的小尺子的情况。直线必须一端连接到另一端，但路径是弯曲的。在时空中的结果就是我们看到的轨道——行星围绕太阳的路径。或者，某人不幸从屋顶上滑下来的情况也是如此。从某种意义上说，在落向地面的过程中，不幸的摔落者所走的路径是完全合乎逻辑的——他们在把剩下的时间最大化。

弯曲时空下的史瓦西解与最大老化原理相结合，就是我们需要的所有内容，它们可以用于计算在行星、恒星或黑洞附近下落的任何物体的世界线。

深入理解广义相对论和史瓦西解的机会已经唾手可得，如果我们已经走到这一步，不全力以赴就太遗憾了。所以，在接下来的几页中，有比书中其他部分更多的数学内容。我们没有涉及比勾股定理更复杂的知识，但如果你真的不喜欢数学，也请不用担心，我们很快就会恢复正常的图解服务。

度规：在曲面上计算距离

到 1908 年，爱因斯坦已经基本理解了将引力视为时空弯曲的概念。然而，他又花费了七年的时间，在广义相对论的框架下完成这一概念的数学表述。他的挑战是，在弯曲时空的背景下找到一种方法计算两个事件之间的距离。当被问到为什么花了这么长时间时，他解释说："主要原因在于，摆脱坐标必须直接对应度量意义这个观念并不那么容易。"[17]

为了理解爱因斯坦的意思，我们将暂时离开时空，回到二维欧几里得几何。让我们选择两个点A和B，画一条连接它们的直线，如图 4.3 左图所示。我们可以用尺子测量这条线的长度，将这个长度称为Δz。长度为Δz的线也是一个直角三角形的斜边，这个三角形的两

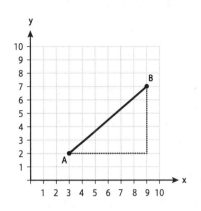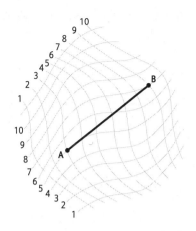

[4.3]

个直角边的长度分别为Δx和Δy。勾股定理将这三个长度关联起来:

$$(\Delta z)^2 = (\Delta x)^2 + (\Delta y)^2$$

在这个等式中,所有的量都可以用尺子测量。它们也恰好是你在背景中可以看到的网格坐标差。具体来说,A处于$x = 3$和$y = 2$的位置,我们写作(3,2),B处于(9,7),所以$\Delta x = 9-3 = 6$和$\Delta y = 7-2 = 5$。使用勾股定理给出$\Delta z = \sqrt{61}$。

现在看图 4.3 的右图。这是同一对点,A和B,但现在有一个不同的网格。新的网格非常适合标记点:A

[4.3] 左图:点 A 和 B 之间的距离可以通过勾股定理与 A 和 B 的坐标关联起来。右图:同样的两点 A 和 B,可以通过波动的网格来定位,但是它们之间的距离不能通过勾股定理与坐标关联。

93

在（5,3）和B在（7,9）。但这些坐标的差值不适用于勾股定理。这很好地说明了网格的任意性。任何网格都可以用于标记点，但有些网格比其他网格更有用。在这里，使用正方形网格更易于计算从A到B的长度。在平面上，我们总是可以选择一个矩形网格来简化计算，但在曲面上，不可能找到一个单一的网格，使得勾股定理适用于任意两点之间的距离。用于标记点和用于计算点与点之间距离的坐标网格是有区别的，这就是爱因斯坦所说的"摆脱坐标必须直接对应度量意义这个观念并不那么容易"。我们需要听从他的警告，不要过于依赖我们在时空上铺设的网格。

实际上，我们总是有一种方法可以使用任何网格来计算距离，只是这个公式并不是勾股定理。如果X和Y是标记图 4.3 右边波浪网格的坐标，那么，对于任何两个足够接近的点，它们之间的距离总是可以写成：

$$dz^2 = a\,(dX)^2 + b\,(dY)^2 + c\,(dX)\,(dY)$$

其中a、b、c在网格上的不同位置将取不同的值。我们改变了符号，写成dz而不是Δz。这两个量具有相同的意义——两个坐标之间的差值——但我们在这些距离很小的特殊情况下保留使用d。这个公式适用于任何网格，可以在两个以上的维度中写出类似的公式。对于任何曲面，像a、b、c这样的一组数字提供了如何计算距离的规则。

这组数字（如a、b、c）被统称为曲面的"度规"。一旦我们知道了所选坐标网格的度规，就可以计算距离。广义相对论的一个重要部分是推导出特定情况下的度规。史瓦西找到的就是描述（非旋转）恒星周围的度规。

史瓦西解

现在我们可以再次退回到时空，并回到广义相对论。史瓦西解将告诉我们任何球对称分布的物质（如恒星或黑洞）附近的度规。通过史瓦西使用的时空网格（稍后会有更多的介绍），恒星或黑洞外部的两个邻近事件之间对应的时空间隔（距离）为：

$$d\tau^2 = \left(1 - \frac{R_s}{R}\right)dt^2 - \frac{1}{\left(1 - \frac{R_s}{R}\right)}dR^2 - d\Omega^2$$

像在第一章中一样，史瓦西半径由下列公式给出：

$$R_s = \frac{2GM}{c^2}$$

95

其中 G 是牛顿万有引力常数，M 是恒星的质量，c 是光速。关于广义相对论中的非旋转黑洞，我们想知道的所有事情几乎都包含在这一行数学公式中。我们看到史瓦西选择了一个由时间坐标 t 和距离坐标 R 标记的网格。现在先忽略 $\mathrm{d}\Omega^2$ 项，它并不重要，我们稍后会解释这一点。

因为时空是弯曲的，所以不可能找到一个单一的坐标网格使得闵可夫斯基空间的间隔公式在任何地方都成立。这就是 $\mathrm{d}t^2$ 和 $\mathrm{d}R^2$ 前面有系数的原因。从概念上讲，这些系数与我们在上面更简单的二维情况中不得不引入的系数没有什么不同：它们蕴含了关于曲率的信息。公式告诉我们，时空在特定位置的弯曲程度取决于该位置与恒星的距离以及恒星的质量。史瓦西选择的 t 和 R 坐标网格不必直接对应于可以使用时钟或尺子测量的任何东西。然而，R 和 t 坐标确实有其物理含义，这将有助于我们构建一个直观的史瓦西时空图。

我们在图 4.4 中描绘了史瓦西时空的"空间图"。恒星位于"引力中心"。我们在恒星周围画了两个壳。每个壳对应一个以引力中心（$R = 0$ 处）为起点的史瓦西坐标 R。R 坐标的大小是根据这些壳的表面积来定义的。在平坦空间中，球体的表面积 $A = 4\pi R^2$，其中 R 是通过尺子测量得到的从球体表面到中心的距离。在恒星（或黑洞）周围的扭曲空间中，这将不再适用（对于黑洞，甚至不可能在

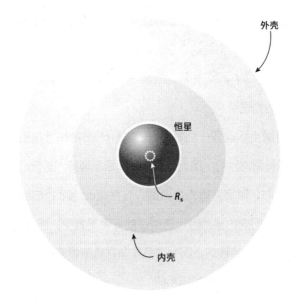

外壳

恒星

R_s

内壳

[4.4]

引力中心——奇点处放下一把尺子）。然而，我们总是可以测量像
图中那样的球壳的面积，R就是平直时空下球壳的半径。这就是史
瓦西选取这个坐标的方式。

　　无论时空如何扭曲，这些球壳上每一点的扭曲都必须相同。
这是因为史瓦西在推导方程时假设了完美的球对称。想象一个完美
的球体：球面上的每一点都是相同的。公式中的$d\Omega^2$部分处理的是
特定壳层上的事件之间的距离。它与

我们在计算地球（球形）表面距离的
度规中发现的部分完全相同。我们在

[4.4] 史瓦西"空间图"。恒星位于
中心，两个虚构的球壳环绕着恒星。

　　　　　　　　　　　　　　　　扭曲时空

扩展阅读 4.1 中对此进行了更详细的讨论。如果想计算恒星或黑洞周围轨道的细节，我们需要这个部分，但在接下来的部分，我们将始终只考虑物体仅向内或向外移动的情况。这将简化问题，同时仍然不错过重要的物理现象。

史瓦西时间坐标也有一个简单的定义：t对应的是远离引力中心的钟表测量得到的时间，那里的时空几乎是平坦的。当我们向内移动接近恒星时，时空变得更加弯曲，这就是dt^2和dR^2前面有系数的原因。当我们向内移动时，这些系数变得更重要；而在远处，它们接近于 1。这是合理的，因为这意味着在远离恒星的地方，时空间隔与平坦空间中的时空间隔相同。

史瓦西坐标在远离恒星的地方有一个简单的解释，这一事实让我们能够理解时空的曲率对于时间的流逝和更近处的长度测量意味着什么。我们一起来想象一下，在时空的任意一处放置一个小实验室。实验室没有安装火箭，因此处于自由落体状态。实验室内有一只手表来测量时间的流逝，还有一把尺子来测量距离。实验室在空间和时间的尺度上都很小，这意味着我们可以假设实验室内的时空是平坦的。现在我们把实验室放在图 4.4 的外壳附近，观测手表的滴答声。如果滴答声很短，可以认为我们的实验室在滴答声持续的时间内大致停留在同一个R坐标，史瓦西的方程告诉我们滴答声之间的时空间隔是：

$$d\tau^2 \approx \left(1 - \frac{R_s}{R}\right) dt^2$$

我们使用了"约等于"符号来强调我们正在做一个近似。在这种情况下，滴答声之间的 $dR \approx 0$，所以我们可以忽略史瓦西方程的 dR 部分。

这个方程就是我们在第一章中所提出的观点的来源，即当宇航员接近恒星或黑洞时，时间会过得更慢。$d\tau^2$ 是实验室手表的滴答声之间的时间间隔（的平方），是我们在远离恒星的地方（平直时空）用静止的钟表测量得到的。$1-R_s/R$ 这个因子起校正作用，说明这个时间并不对应于我们在实验室通过手表测量的时间。曲率已经扭曲了时间，所以实验室手表的滴答声比远处时钟的滴答声更长。相对于远处，实验室所在地的时间已经减慢了。在图 4.4 的内壳上，R 会更小。如果我们把实验室安置在那里，dt^2 前面的数字会更小，所以内壳上的手表将走得更慢。

那么空间扭曲呢？想象一下坐在外壳的实验室里，用尺子测量到附近另一个壳的距离。如果另一个壳离得很近，那么测量得到的两个相邻壳之间的距离就由史瓦西方程的第二项给出：

$$d\tau^2 \approx -\frac{dR^2}{\left(1 - \frac{R_s}{R}\right)}$$

这里的dR是平坦空间的情况下壳之间的距离。由于因子（1-R_s/R）现在在分母中，所以位于壳上的观察者测量到的相邻壳之间的距离大于在平坦空间中的距离。这意味着当我们接近一颗恒星时，空间正在被拉伸，时间正在被放慢。

为了对这些效应的大小有一个直观的感觉，我们可以把太阳的数值代入。太阳的史瓦西半径大约是 3 千米，它自己实际的半径大约是 700,000 千米。这在太阳表面产生了 1.000002 的扭曲系数。这意味着，取两个太阳大小的壳，如果它们在平坦空间中的半径相差 1 千米，那么它们之间的测量距离将比 1 千米长 2 毫米。同样，远离太阳的观察者会看到太阳表面的手表（比自己的手表）每秒慢 2 微秒，即每年慢约一分钟。

史瓦西的黑洞解：只需移除恒星

史瓦西的解最初是用来研究恒星或行星的外部区域的（恒星内部区域充满了物质，他的解在那里是无效的）。值得注意的是，这个解也可以用来描述一个黑洞。我们需要做的只是忽略恒星。然后史瓦西解就描述了一个无穷的永恒宇宙，在这个宇宙中，当我们向内朝$R = 0$的奇点靠近时，时空会变得越来越扭曲：一个完美的永恒黑洞。

我们已经在图 4.5 中描绘了没有恒星的史瓦西空间。我们之前

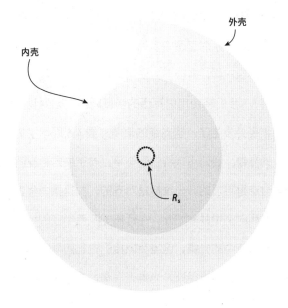

内壳

外壳

R_s

[4.5]

考虑的两个虚构的壳还在那里，但恒星已经消失，只留下了空的史瓦西时空。我们还在史瓦西半径处画了一个壳，它之前位于恒星内部。回顾方程，我们发现，史瓦西半径处的壳上发生了一些非常奇怪的事情：$(1-R_s/R)$因子等于零。更奇特的是，当我们继续向内时，这些因子将变为负数。这意味着什么呢？从一个在史瓦西半径处自由落体穿过壳的人的角度来看，等效原理告诉我们，没有什么不妥之处。然而，从远处看，这个壳是一个时钟停止和空间无穷延伸的地方。

[4.5] 移除恒星后的史瓦西"空间图"。任何地方都没有物质。

扭曲时空

画一些图像可能会帮助我们理解正在发生的事情。在使用彭罗斯图之前，我们可以从时空图中学到一些东西。就像我们已经见过的平直时空的图像一样，有很多方法可以构建这些图像（对应于不同的网格选择）。我们将使用史瓦西的坐标网格，因为我们刚刚看到在史瓦西半径处发生了一些有趣的事情。图 4.6 展示了史瓦西时空中每一点的光锥。我们可以将它们与平直时空中的相应图像进行对比。如果时空是平坦的，光锥都是对齐的，并且指向竖直的方向，但是在史瓦西时空中并非如此。在远离史瓦西半径的地方，光锥看起来像平直时空中的光锥，但当我们接近史瓦西半径时，光锥变得越来越窄。在史瓦西半径处，光锥无限窄，这意味着一个指向外面的光束只能在时间方向上移动，永远无法走出黑洞[II]。现在我们可以理解，史瓦西半径同时也是事件视界：在史瓦西半径处发出的出射光束是静止的。

在视界内部，光锥已经翻转过来。这是因为（$1-R_s/R$）因子已经变为负数，这意味着 dt^2 前面的因子得到一个负号，dR^2 前面的因子得到一个正号。就好像空间和时间已经交换了角色，但实际上交换角色的是我们对史瓦西 t 和 R 坐标的解释。光锥的开口朝向史

|||||||||||||||||||||||||||||||||||||||||||||||||||

II．你可能会倾向于认为，入射光束也会永远卡在地平线上。对于远离黑洞的观察者（对他们来说，史瓦西时间就是他们的时钟时间），情况确实如此。但这并不意味着从物体自身的视角来看，它们无法掉入黑洞。我们将在第五章进一步讨论这个问题。

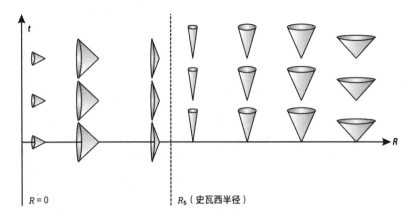

$R = 0$ R_s（史瓦西半径）

[4.6]

瓦西R方向展开，因此对于视界内部的一切物体来说，史瓦西R方向就是它们的"时间"方向，史瓦西t方向现在则是"空间"方向。由于史瓦西坐标对应于远离黑洞的某人使用钟表和尺子进行的测量，这意味着视界内部的人的时间对应于远离黑洞的人的空间，反之亦然。正如我们一直在强调的，我们使用的坐标不必对应于任何人的空间和时间观念：再次引用爱因斯坦的话"它们不必具有直接的度量含义"。史瓦西R和t坐标在远离黑洞的地方的确有一个很好的解释，但在视界内部，它们的角色翻转。令人震惊的结果是，视界内部的物体将不可避免地向$R = 0$的引力中心移动，就像你不可避免地迈向明天一样。

[4.6] 史瓦西时空。t和R坐标是史瓦西所使用的。注意在R的值小于史瓦西半径时，光锥是如何改变方向的。

关于引力中心，我们还没有讨论太多。在黑洞内部，引力中心就是奇点，这是爱因斯坦的理论和史瓦西解所崩溃的"地方"。引号是恰当的，因为奇点实际上并不是空间中的一个地点。它是时间的一个瞬间：那是所有敢于穿越视界的人未来的时间尽头。图4.6非常好地说明了奇点位于视界内部所有事物的未来，因为所有的光锥都指向它。从图4.6也可以看出，奇点不是空间中的一个点，我们在看图4.5时，也很容易产生这个想法。时间和空间的角色反转意味着在某一时刻它是一个无限的表面。让我们通过绘制史瓦西黑洞的彭罗斯图来更详细地探讨上述这个非凡的观点。

永恒史瓦西黑洞的彭罗斯图

永恒史瓦西黑洞的彭罗斯图如图4.7所示。它由两部分组成：右边的菱形对应于黑洞外部的宇宙。左上方的三角形对应于黑洞的内部，两者之间的分界线就是事件视界。这是一条45度线，因为视界是类光的，这意味着在上面光可以"被卡住"。奇点是三角形顶部的水平线。它是水平的，因为它对应于落入视界内任何物体的无可避免的未来。为了看清这一切，回想一下，在彭罗斯图上，光锥总是垂直向上的，世界线总是朝着未来的光锥前进。

我们在图上画了一个网格，就像我们对平直时空做的那样。这个网格是史瓦西的网格。在菱形区域，大致水平的线是恒定t的

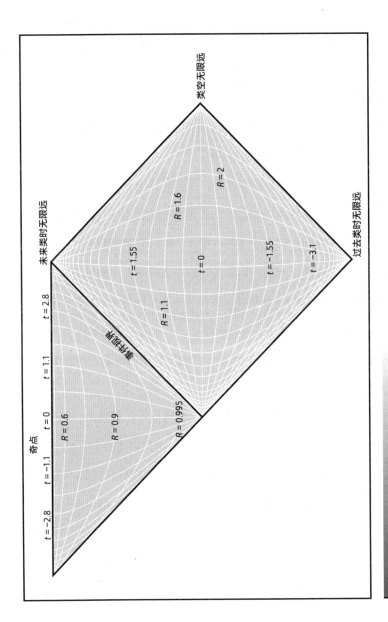

类空无限远

未来类时无限远

过去类时无限远

奇点

$R = 2$

$R = 1.6$

$R = 1.1$

$t = 2.8$

$t = 1.55$

$t = 0$

$t = -1.55$

$t = -3.1$

$t = 1.1$

$t = 0$

$t = -1.1$

$t = -2.8$

$R = 0.6$

$R = 0.9$

$R = 0.995$

视界

[4.7] 对应于永恒史瓦西黑洞的彭罗斯图。网格对应于固定的史瓦西坐标线（与第三章在彭罗斯图上绘制的网格的相似性是偶然的）。

线，大致竖直的线是恒定R的线。事件视界位于$R = 1$处[III]。在黑洞的内部，我们可以看到空间和时间角色转换的情况，因为恒定的史瓦西t线现在是垂直的，恒定的史瓦西R线是水平的。与图4.6不同，图4.7的彭罗斯图中未来光锥总是垂直向上的，这意味着时间始终向上，而空间在每个点上总是水平的。

这个图的一个比较好的特性是，我们可以用它来描述任意质量的黑洞。例如，M87中的超大质量黑洞的史瓦西半径约为190亿千米，质量相当于60亿个太阳。那么，$R = 2$的物体就会位于事件视界之外190亿千米处。如果我们想描述的是一个质量与太阳相当的黑洞，那么$R = 2$的物体就会悬停在事件视界之外仅3千米处。对史瓦西时间也适用同样的原理，一个单位t对应于M87*大约18小时，或者（除以60亿）对于一个太阳质量的黑洞它对应10微秒。

为了更深入地理解史瓦西时空，我们可以对彭罗斯图的边缘进行分类，就像我们对平直时空做的那样。菱形右边的两个45度边对应于过去和未来的类光无限远。只有以光速移动的物体才能来自或到达这些地方。菱形的右侧顶点，即这两个45度边相交的

||||||||||||||||||||||||||||||||||||||||||||||

III．这是因为我们选择以史瓦西半径作为单位来标记 R。有了这个选择，一个在黑洞周围加速运动的物体，并与黑洞保持固定距离——两倍史瓦西半径，将由一个沿着 $R = 2$ 网格线运行的世界线来表示。

地方，对应于类空无限远。菱形的底部和顶部顶点分别是过去和未来的类时无限远。这与平直时空的彭罗斯图非常相似。新的特性是图顶部的水平线，标记为"奇点"。我们可以从两位勇敢的宇航员那里获得更多的信息，他们此刻正在探索M87中心的黑洞。他们的世界线在图 4.8 中被描绘出来，这表明两位宇航员都在 $R = 1.1$ 处开始他们的探索之旅，就好像我们把他们轻轻地放入了时空。小蓝是一个非常放松的宇航员，他选择什么都不做。他有火箭发动机，但他不打算启动，而是自由落体越过视界，进入黑洞。小红更加理智，她立即启动火箭发动机并加速远离黑洞。她的加速度足以逃离黑洞的引力，然后她关闭发动机，快乐地驶向未来的类时无限远。

就像在第三章中一样，我们用点标记了宇航员的旅程，点的间隔对应于他们手表上的一个小时。小红的世界线上有无数个点，因为她是不朽的，生活在无尽的未来。然而，小蓝的情况则非常不同。他没有经历任何加速，最初感觉就像是飘浮着的。根据等效原理，他在飞船内无法进行任何实验来确认自己的位置，但是他的未来将会受到冲击。越过视界后，小蓝的世界线上只有 20 个点。在第 20 个小时的某个时刻，不好的事情发生了。这个放松的不朽者的世界线结束了。他遇到了奇点。从彭罗斯图上可以看出，奇点是无法避免的。

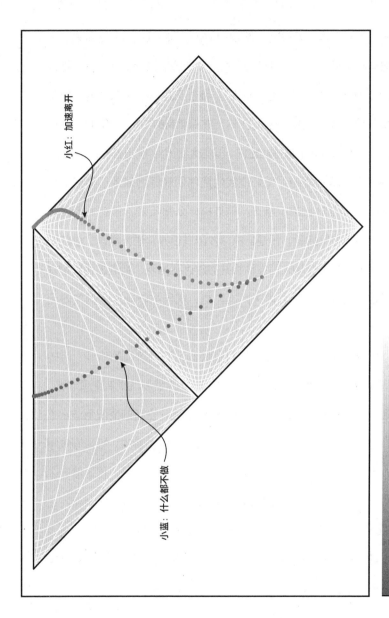

小红：加速离开

小蓝：什么都不做

[4.8] 小蓝和小红在史瓦西黑洞附近的旅程。散点表示着他们的世界线，并且考虑在 M87 中心的黑洞附近的情况，两点之间间隔 1 小时。

黑洞

在平直时空中，无论他们如何移动，所有的不朽者都会永生。而在史瓦西时空中，一旦进入上方的三角形，所有的世界线都必须在奇点上结束。一旦越过黑洞的视界，没有人是不朽的。黑洞内部是一个奇妙的地方，这里像但丁所描绘的奇妙世界：所有的希望似乎都将被舍弃，空间和时间的角色互换，只有时间的终结在等待着你。但是我们还有很多话要说，所以让我们穿越视界，继续探索未知。

▧ 扩展阅读 4.1　　地球表面

为了理解坐标距离和标尺距离在曲面上的差异，一个好方法是想一想地球表面。我们常用来标记地球表面位置的坐标是纬度和经度，它们与标尺长度不是简单的对应关系。伦敦的纬度大约是北纬 51 度。加拿大的卡尔加里市也位于北纬 51 度左右，其经度位于伦敦以西 114 度。如果我们让一位飞行员以恒定的纬度在这两个城市之间飞行，飞机的飞行距离大约是 8000 千米，在我们选择的坐标系中，这相当于 114 度的飞行距离。朗伊尔城是地球上最北边的城市，位于北极圈内，其纬度为北纬 78 度，

如果我们从朗伊尔城进行相同的 114 度的旅行，我们只会旅行大约 2500 千米。因此，我们需要一个度量方法，将坐标差异转化为地球表面不同地方的距离。

度规可以被视为一种工具，当你输入两点间的坐标差时，它会提供这两点在曲面上的实际标尺距离。度规编码了两方面的信息：一是它知道如何处理我们选定的坐标系统，这是完全任意的；二是编码了曲面的几何形状——在地球表面的情况下是一个球体——这是真实存在的事实。这就是数学上处理曲面曲率和变形的方法。

5.

进入黑洞
● Into the Black Hole

在电影《星际穿越》中，马修·麦康纳饰演的主角进入了一个名为卡冈图雅的黑洞，并出现在他女儿房间的多维重建中。这在大自然中是不会发生的。[1]但是，如果一个宇航员决定踏上一段越过视界进入黑洞内部的旅程，他的命运会是怎样的呢？根据广义相对论，我们现在可以针对

|||||||||||||||||||||||||||||||||||||||||||||||||||||

1. 我们的博士生罗斯·詹金森对此有不同的理解："我的解释是，五维生命把他从黑洞里救了出来，把他装进一个五维的盒子里，带他穿越了一个看不见的维度，而他们让他能够像穿越一个空间维度那样穿越时间。这类似于我们在一个平面人掉进一个三维黑洞时，把他捡起来并装进一个塑料餐盒里。"这在自然界中也不会发生。

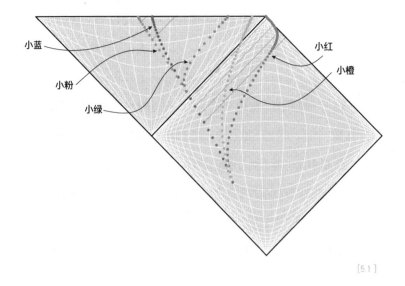

小蓝
小粉
小绿
小红
小橙

[5.1]

黑洞没有自转的情况来回答这个问题。在第七章中，我们将加入一些自转，并探索克尔黑洞的内部。这将使我们能够踏上更加奇幻的旅程，进入虫洞和宇宙中的其他奇妙之处。但我们还是要先说重要的事情。

就我们的目的而言，我们将再招募三名宇航员加入前一章中的小红和小蓝，一起探索M87 的超大质量黑洞。他们的时空之旅如图 5.1 所示。我们用圆点标出了他们在不同时刻的位置。

[5.1] 对应于永恒史瓦西黑洞的彭罗斯图。初始状态下，五名宇航员静止在 $R = 1.1$ 处。然后，其中四个朝着黑洞运动。小蓝是自由落体，小绿和小蓝一起自由落体，但在穿过视界后启动了火箭，并试图加速离开奇点。小粉也和小蓝小绿一起旅行，直到她到达视界，之后她加速冲向奇点。小红从旅程开始的那一刻就加速逃离黑洞，并成功地逃到了无限远。小橙也会加速逃离黑洞，但她的速度还不足以逃逸。

在第四章中我们跟着小蓝。他在 $R = 1.1$ 处以静止状态出发，自由落体进入黑洞并最终到达奇点。他的手表以一小时为单位在他的世界线上做了标记，而在他看来事件视界上并没有发生什么不寻常的事情——他浑然不觉地穿过了它。在他的世界线上，视界内的部分有 20 个点，相当于他在时间终结前在黑洞里待了将近一天。[II]

小绿和小蓝一起开始了她的旅程，她和小蓝一起向着视界做自由落体，但她在穿越视界时感到了恐慌，喊着"缅甸（Burma）"[III]并打开火箭引擎试图逃脱，但却徒劳无功。当她穿过视界后，她的世界线上只有 16 个点；这意味着加速离开会导致时间的终结提前到来。[IV]

而在小粉的视角下，一切看起来更像是宿命论。她决定与小绿和小蓝一起坠落并到达视界，然后她以 480g 的加速度（小绿的加速度是她的五倍）慢慢地加速冲向时间的尽头。她按下开关，开始播放快乐小分队（Joy Division，一支成立于 1976 年的英国乐队）

II． 如果黑洞的大小为一个太阳质量，那么小蓝在穿过视界后到达奇点之前只有 14 微秒的时间。如果你想探索黑洞的内部，那你就应该选择一个更大的黑洞，否则冒险很快就会结束。
III． 这是一个源于巨蟒剧团的晦涩笑话。每本科普书都应该包含一个这样的笑话。【译注：这里的笑话来自巨蟒剧团的电视喜剧《蒙提·派森的飞行马戏团》第二季第九集。内容为两人在对话中提及企鹅。在 A 说企鹅来自南极后，B 大喊：Burma（缅甸）！A 问 B 为什么这么说时，B 的回答是：I panicked（我慌了）。作者用这个词来表现小绿的惊慌。】
IV． 在这里，我们赋予小绿的加速度是 2400g，这个数值有些令人毛骨悚然。如果这是一个太阳质量的黑洞，小绿就将经历 15 万亿 g 的加速度，而这将让她更加难受。还好我们的宇航员是不朽的。要体验 1g 的加速度，小绿就必须进入一个质量是 M87* 的 2400 倍的黑洞中。在撰写本书时，已知质量最大的黑洞是 M87* 质量的 10 倍。

的专辑《未知的乐趣》。也许让她恼火的是，这延长了她在视界内的时间，她比小绿活得更长——她的世界线上有 17 个点。黑洞内部的时空几何显然是反直觉的。

任何人在黑洞视界内所能度过的最长时间，对应于某人从视界处以静止状态出发，什么都不做，只是向着奇点自由下落。冷漠会带来回报，这回报是能在 M87 中的超大质量黑洞的视界内度过一天多一点（28 个点）。

穿过视界后，小绿和小粉会加速远离冷漠的小蓝，小蓝此时可能正在放松地听着迈尔斯·戴维斯（1926—1991，美国小号演奏家）的音乐。小绿加速逃离奇点，而小粉则是加速冲向奇点。小蓝会看到小绿向着视界的方向退到远处去，而小粉则朝着奇点的方向前进。从小蓝的角度来看，它们都朝着（与自己）相反的方向前进，消失在远处，变得越来越小。到目前为止一切都很正常。当然看上去小粉正在走向奇点处的末日，而小绿正在尽最大的努力待在视界附近。这一切似乎与任何其他时空区域的事物都没有什么不同。

在图 5.1 中，我们画出了两束小粉发出的光。第一束是在她穿过视界后过了 9 小时发出的，另一束是 14 小时后发出的。如果我们想探究每个宇航员实际上看到了什么，就应该画出这样的光束。请记住，彭罗斯图的美妙之处在于，光锥都是垂直向上的，以 45

度角展开。请注意，更早发出的光束与小蓝的轨迹相交。这意味着小蓝会看到小粉发出的光束（他会在自己轨迹与光束相交的位置接收到光束）。现在有趣的部分到了。请看小粉发出的第二束光。它从未与小蓝的轨迹相交，因此小蓝从未看到小粉发出的第二束光。换句话说，小蓝从未看到小粉的最后时刻，即使她正在加速远离他。在小蓝到达时间的尽头之前，小粉在最后的四个点处发出的光，根本来不及进入小蓝的眼睛。在小蓝消失之前的那一瞬间，当最后一束光照到他时，他会看到小粉在自己下面。

如果小蓝转身，他会看到在自己上方的小绿正试图加速离开奇点。同样，在他看到小绿结束她的生命之前，他将到达时间的尽头。有趣的是，每个宇航员都会有同样的经历。没有人看到过其他人到达奇点。原因在于彭罗斯图上的奇点是水平的。它在时间上只是一个时刻，而我们永远无法看到在某个时刻同时发生的事件。我们看到的总是过去的事物，因为它的光需要经过一定时间才能到达我们的眼睛。这意味着，任何落入黑洞的人在自己到达奇点之前都不会看到其他人到达奇点——他们实际上从来没有看到奇点的到来。如果你很难看出这一点，就想象一下在图上画满45度的光束。它们会告诉你每个宇航员能看到什么，不能看到什么。

那些毫无防备的宇航员并不是完全没有察觉到奇点的到来，因为当他们接近奇点时，就会被潮汐力拉伸：他们被面条化了。站

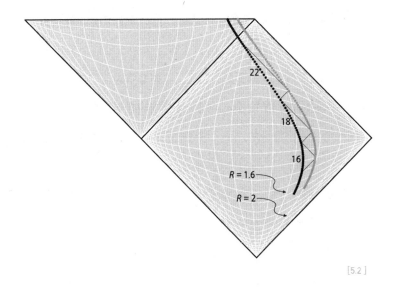

22

18

16

$R = 1.6$

$R = 2$

[5.2]

在地球上，脚受到的引力会比头受到的引力稍微大一点，但并不会大到让人们注意到自己被拉伸了。月球对地球的引力也有类似的拉伸效应，引发了更加明显的每天两次的潮汐。我们可以通过图 5.2 中的彭罗斯图看出潮汐力是如何产生的。

虚线对应的是两个落入黑洞中的球的世界线。一个球从 $R = 2$ 的位置开始，另一个从更近一些的 $R = 1.8$ 的位置开始。同样，这些点对应于时钟通常的滴答声（假设在每个球上粘一个钟）。这些点靠得很近，这样我们更容易看到潮汐效应（尽管这样会导致很难计算这些点）。45 度线对应的是一束光在球之间来回反射。我们可以用反

[5.2] 面条化。

射光作为尺子来测量球之间的距离，这就像在家里放置家具之前先用激光仪来测长度。图中的数字是连续两次反射之间的滴答次数，是由粘在球上的钟测量得到的。这些数字对应于光脉冲的往返时间。需要注意的关键是，当两个球落向视界时，两次反射之间的时间会增加。这意味着，两个球在向黑洞下落的过程中是在互相远离的。

现在想象一下，你的脚先掉入黑洞。你的头和脚会想要分开，但由于它们通过你的身体连接在一起，你会觉得自己被拉伸了。对于 M87 中的黑洞来说，视界上的潮汐效应并不明显，但在 $R = 500$ 万千米左右的地方，你就会开始感到不舒服。在大约 300 万千米的某个地方，你的头会掉下来。你会变得像面条一样被伸长。更靠近奇点，构成你的原子就会被撕裂。更戏剧性的是，对于一个典型的恒星质量黑洞来说，甚至在你到达视界之前，你就已经被面条化了。

现在让我们回到图 5.1，问一下留在黑洞外的观察者的情况如何。小红和小蓝、小绿、小粉一起出发，但她明智地决定在适当的时刻打开引擎并加速逃离黑洞。适当的时刻在这里是一个"相对"的术语——她以 864g 推动自己直到史瓦西 $t = 1.5$，在这个时刻，她觉得已经够了，并关掉了她的火箭引擎。小红以高达 864g 的加速度加速时，应该配着肯尼·罗根斯的《危险地带》（这首歌发行于

1986 年，是当年的热门单曲)。你可以看到小红关掉火箭的那一刻，因为那就是她的世界线突然左转并冲向菱形顶点的时候。小红已经逃离了黑洞，而作为不朽者，她的世界线将在彭罗斯图的顶端，继续向未来类时无限远延伸。请记住，对于任何人来说，在开始经历潮汐力之前的任何时刻，都不会发生任何特殊的事情，而小红设法避免了这些。在旅程的第一段，她确实能感受到火箭的加速度，而一旦这一切结束，她就会在飞船里快乐地飘浮着，向无限远延伸。

当小红观察到她的同伴进入黑洞时，她到底看到了什么？在小蓝、小绿和小粉到达视界之前，我们又画了一些 45 度的线。我们可以用这些线来证实，小红确实看到了其他人在缓慢移动，而且当他们接近视界时，这一点变得越来越明显。要追踪光线从小蓝到达小红视线的旅程，需要沿着从小蓝到小红的世界线的 45 度线去看。你能看到小蓝下落世界线上的两个点对应着小红世界线上的很多点吗？这意味着，小蓝每经历一个小时，小红就会经历很多个小时。引人注目的是，小红甚至从来没有看到任何人穿过视界，因为光线在非常接近视界的地方以 45 度射出，只有在遥远的未来才能到达她那里。这意味着她可以永远看到其他宇航员。她看到下落的物体在接近视界时移动得越来越慢，直到它们最终冻结在那里。原则上，她可以看到所有落入黑洞的物体。

　　小红看到，落入视界的人在接近视界的过程中动作越来越慢，而这一事实还有第二个重要的后果。正如我们所强调过的，这样变慢并不是只针对宇航员和手表。从宇航员体内细胞的衰老速度到原子的内部活动，一切都变慢了。时间被扭曲了，这意味着每一个物理过程也都被扭曲了。而这也包括光。光是一种波并且具有频率，就像声音或水面上的波浪一样。如果你不熟悉这个术语，那么水波可能是描绘波的最好方式。如果你把一块石头扔进一个平静的池塘里，石头就会激起涟漪。站在池塘里不动，当波浪经过时，你就会感觉到一连串的波峰和波谷。两个波峰之间的距离被称为波长，每秒通过的波峰的数量被称为频率。对于可见光，我们感知到的频率就是颜色。高频可见光是蓝色的，而低频可见光是红色的。在可见光的低频端之外是红外线、微波和无线电波，而在高频端之外则是紫外线、X射线和伽马射线。

　　像小红这样的远距离观察者，可以通过向落入视界者发出的光来观察他们，而这些光的频率会随着时间的减慢而降低。因此，落入视界的宇航员的图像在接近视界时会变得更红，并最终随着频率降低到可见光范围之外的微波和无线电波段而逐渐消失。这种效应被称为红移。小红看到她正在坠落的同伴在接近视界时冻结并逐渐消失。

　　在结束对史瓦西黑洞的研究之前，我们将讨论一个过去让很多人困惑的悖论。我们现在明白了，在黑洞外的任何人都不会看到有人掉入视界。但我们也说过，宇航员确实会穿过视界，并能在视界内看到彼此。这是怎么回事呢？难道朝着视界坠落的宇航员永远都看不到前面的同伴掉下去吗？更糟糕的是，如果他们的脚先进去，他们的脚会不会在下面冻结了？他们会不会穿过自己的脚掉下去？答案是，没有人会看到其他人穿过视界掉下去，直到他们自己掉到里面。更奇怪的是，甚至没有人会看到自己的脚穿过视界，直到他们的眼睛穿过视界。让我们来看看彭罗斯图，来搞清楚这是怎么回事，以及为什么这件事情其实一点也不奇怪。

在图 5.1 中，有一个之前没有见过的宇航员，我们称她为小橙。她正在听巨蟒剧团的作品。她和我们的其他宇航员一起出发，并且试图避免掉进去。但是她有些笨，她加速离开黑洞时太慢了，最终还是穿过了视界。当她接近视界时，她会看到小蓝、小绿和小粉在以慢动作接近视界。但是，因为视界也是一条 45 度线，所以在她的眼睛越过视界前，她并不会看到任何人越过视界。这也适用于她自己的脚。直到她的眼睛穿过地平线的那一刻，她才看到他们穿过地平线。这听起来很奇怪，就好像所有的东西都堆积在了视界上，而小橙穿过某种幽灵般的幻像掉了下来，而幻象中包括所有落入洞中的东西。

但这里并没有什么不寻常的地方。小橙并没有穿过她自己的

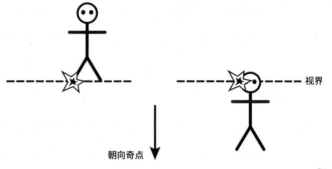

视界

朝向奇点

[5.3]

脚掉下去，就像你走向镜子时，也不会穿过自己的脸走进去一样。让我们更加详细地来探讨这句话。

图 5.3 显示了小橙在穿越视界的旅程中的两个时刻：一个是双脚穿过视界的时刻，另一个是双眼穿过视界的时刻。闪光表示她的脚在到达视界的那一刻所发出的光。当她坠落时，这束光仍然停留在视界上。从小橙的角度来看，视界和光线会从她眼前呼啸而过。她看到了自己的脚，但只有当她的眼睛到达视界时才会看到。当你低头看自己的脚时总会发生的事情：脚反射的光向上传到你的头部，而你在光线发出后才看到它们。

那么其他穿过视界的人发出的光呢？所有的光都在视界上等着，直到小橙的眼睛经过视界并把它收集起来。再说一遍，这没什么不寻常的。你可以看到远处的奶牛和近处

[5.3] 小橙并没有穿过她自己的脚掉下去。

黑洞

的奶牛同时站在田野里，想必你并不会对这件事感到困惑吧。

　　为了让这些不熟悉的想法更加清晰，我们将引入另一种思考黑洞周围时空的方法：河流模型。河流模型是由安德鲁·哈密顿和杰森·莱尔命名的，它有着无可挑剔的血统。[18] 它是由阿尔瓦·古尔斯特兰德在 1921 年提出的，他之前因在眼睛光学方面的工作获得了 1911 年的诺贝尔生理学或医学奖。法国数学家保罗·潘勒韦在两次担任法国总理的间隙，于 1922 年独立发现了这个模型。1933 年，乔治·勒梅特证明，河流模型可以正确地描述史瓦西黑洞，只是网格的选择有所不同。

　　如图 5.4 所示，在河流模型中，我们可以把史瓦西黑洞比作水流入水槽的洞口。水代表空间，它以不断增加的速度流入黑洞。光和其他一切事物，都按照狭义相对论的定律在流动的河流所代表的空间上运动。我们可以想象宇航员在流动的河流所代表的空间中游泳。在远离黑洞的地方，水流很平稳，他们可以很容易地逆流而上。当他们接近黑洞时，水流会变得越来越快，他们也发现自己越来越难以逃脱。在视界处，水流会达到任何东西能游出的最大速度（光速）；因为没有任何东西能比光更快，所以这是一条不归路。在视界内，这条河的流速比光速还快，并且在接近奇点时，它的速度会越来越快。任何迷失在视界中的东西都会被卷入超光速的水流中，无情地走向毁灭。在视界上，一些以光速向外游动的东西将无

视界

[5.4]

处可去。它将永远冻结在视界上。

　　这个图像让小橙穿越视界的经历变得非常清晰。她在空间之河中静止不动，但这条河却从视界上流过，将她冲向内部。从她脚上发出的光子会像通常一样以光速向外移动，但由于这条河是以光速向内流动的，所以从她脚上发出的光子在到达眼睛时，仍然被冻结在视界上。小橙的头在河中以光速掠过视界，她在那里遇到了这些光子，看到了她的脚。因此，她脚上的光子从发射出来到抵达她的眼睛，都是以精确的光速在传播。如果你现在低头看自己的脚，也正是如此。当她穿过视界时，小橙经历的世界和你现在所经历的完全一致。

　　我们可以利用河流模型，来形象地演示我们之前用彭罗斯图描述的其

[5.4] 黑洞的河流模型。

他现象。潮汐效应的产生是因为河流在靠近洞的地方流速更快，这将导致游泳速度相同但所处径向距离不同的两名宇航员在向内坠落时互相分开。在彭罗斯图中，我们只画出了径向这一个空间维度。河流模型是二维的，这可以让我们看到一些额外的影响。由于水流向内汇聚到奇点，所以靠近洞的物体会在切向上受到挤压，同时也会在径向上受到拉伸。当两名宇航员向内移动时，他们在切向上会靠得更近，但在径向上却会被拉开，体验一种双重的面条化。如果你在朝着黑洞前进时是以双脚在前的姿势，会变得更瘦更长。

我们也可以描绘为什么远离洞的遥远观察者永远看不到任何东西穿过视界。我们可以把光子想象成鱼。假设有人划着独木舟游向视界，他们按照手表的显示，每秒钟把一条鱼扔到海里。鱼会向着远处的上游相对平静的水中的一艘小船游去。起初，鱼可以很容易地逆流而上，并在接近一秒的时间内到达小船。但随着独木舟越来越接近视界，鱼就得奋力对抗加速的水流并逆流而上，所以鱼到达小船的时间就变长了。这就是我们在前面讨论过的红移效应。在视界上，从独木舟上掉下来的鱼进入了一条河流，这条河的流速正是它们所能游出的最大速度。它们永远无法逆流而上到达小船，因此船上的观察者永远不会看到独木舟越过视界。

在这一章中，我们已经探索了史瓦西黑洞内部和周围的颠倒世界，我们已经了解了跳进黑洞或看着别人跳进黑洞的感觉。现

进入黑洞

在，是时候去做进一步的探索了，并引入科幻作家所钟爱的广义相对论的一个特性，如果我们想要理解空间到底是什么，这个特性可能最终会被证明是一个关键想法。那就是虫洞。

⧅ 扩展阅读 5.1　渺小而遥远。如果宇航员的伙伴发出的光被冻结在视界上，那么当他们穿越视界时，为什么宇航员会觉得他们离得很远呢？

让我们想象一下，小橙正以双脚在前的姿势越过视界掉下来。在河流模型中，我们会把她描绘成漂浮在河中，双脚指向下游。在她的脚到达视界的那一刻，一对光速鱼（以光速运行的鱼）从她的脚上出发了。我们把这些光速鱼称为"光子"，因为这就是它们所代表的东西。这些特殊的光子会沿着合适的角度运动，并到达她的眼睛。当然，也会有光子从她的脚向四面八方射出，就像现在有光子从你的脚向四面八方发射一样。但只有那些朝着正确方向的光子才会到达你的眼睛。

我们所考虑的光子是以正确的角度发射的，这样当小橙的眼睛经过时，它们就会向内移动，并与小橙的眼睛相遇。我们可以把光子想象成逆流而上的鱼，如图 5.5 所示，河水是垂直向下流动的。如果它们以与河流相同的速度垂直游动，它们就会与小橙的眼睛错过。但如果它们的路线稍微向内倾斜，就会向内游去。[1] 这是它们想要到达小橙的眼睛所必须做的事情。

在小橙的眼睛到达视界的那一刻，他们也遇到了小蓝的双脚发出

||||||||||||||||||||||||||||||||||||||||||||||||

1.　这意味着到达小橙眼睛的光子实际上是在穿过视界之前从她的双脚发出的。

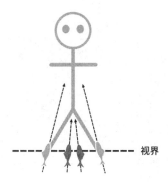

视界

[5.5]

的光子，这些光子在他掉下去的时候被困在了视界上。这些光子比来自小橙双脚的光子在那里停留的时间更长，因此它们有更多的时间来与小橙的双眼相遇。这意味着当小蓝的双脚经过时，恰好在正确位置到达小橙眼睛的光子，其发射角度一定比从她自己双脚发出的光子更陡峭，更接近垂直方向。这意味着小橙看到的小蓝会更小，因此看上去也就离得更远；因为我们感知到的东西的大小是由到达我们视网膜上的光的角展度所决定的。例如，如果我们向外眺望一片田野，远处的奶牛看起来会比附近的奶牛小，因为它们的角度更小。

进入黑洞

[5.6] 渺小而遥远。这张图片出自
1995 年上映的英剧《神父特德》第二
季第一集。

黑洞

6.

白洞与虫洞
White Holes and Wormholes

彭罗斯图把无限远拉到了纸面上的有限区域内。在第三章中，我们探索了不同类型的无限远是如何以平直时空的菱形的边和点来描述的。为了帮助大家回忆之前的内容，我们再次画了平直时空的彭罗斯图，见图 6.1 的左图。对于任何沿着类时世界线旅行的人或事物来说，菱形的下顶点和上顶点代表着遥远的过去和遥远的未来。我们称这些过去和未来为类时无限远。不朽者的世界线始于那里，终于那里。永恒的光束从一条底边出发，在对面的顶边上结束它的旅程。这些是过去和未来的类光无限远。所有无限远的"现在"空间切片从菱形的左

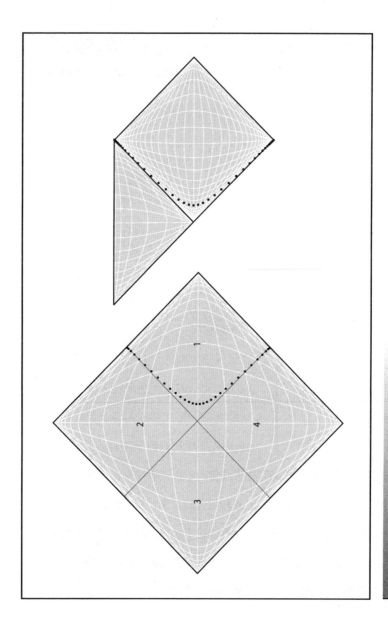

[6.1] 闵可夫斯基时空的彭罗斯图（左图）和永恒史瓦西黑洞的彭罗斯图（右图）。左图中的林德勒正在加速穿过时空，右图中的多特在黑洞外（在 $R = 1.01$ 处）徘徊。

黑洞

顶点延伸到右顶点。这些是类空无限远。彭罗斯图的每个顶点和边都以某种形式表示无限远。

现在来看看图 6.1 的右图所展示的永恒史瓦西黑洞的彭罗斯图。正如平直时空的彭罗斯图一样，它也代表了一个无限远的时空。我们也许认为，该图的每个顶点和边都应该在无限远或奇点处。但事实并非如此。彭罗斯图的整条左边代表着什么呢？它并非在无限远处，而是在 R 坐标为 1 处，这就是黑洞的视界。到目前为止，我们一直关注的是沿着菱形区域左侧顶边的视界部分，再往外就是黑洞的内部，因为这是我们勇敢的宇航员的出入口。那么最左侧的边呢？我们之前并不为它感到担心，因为菱形中的任何事物都无法穿过它。既然它不在无限远处，那么在它外面会不会暗藏着什么呢？

在图 6.1 的平直时空图上，我们画出了林德勒的世界线，他是我们在第三章中遇见的那个不断加速的宇航员。他发现自己被视界所困，并且由于他的加速，相比其他不朽者，他在一个更小的时空区域中度过一生。现在来看看另一个宇航员，她的世界线被描绘在史瓦西时空图上。让我们称她为多特吧。她也在不断加速，不过是在黑洞附近的弯曲时空中，这意味着她在视界外 $R = 1.01$ 的恒定距离上徘徊。尽管如此，她在加速的飞船内的经历与林德勒的经历非常相似。她可以发送信号穿过黑洞的视界，但无法接收来自黑洞内部的信号。同样，林德勒可以将信号发送到区域 2，但无法从其中

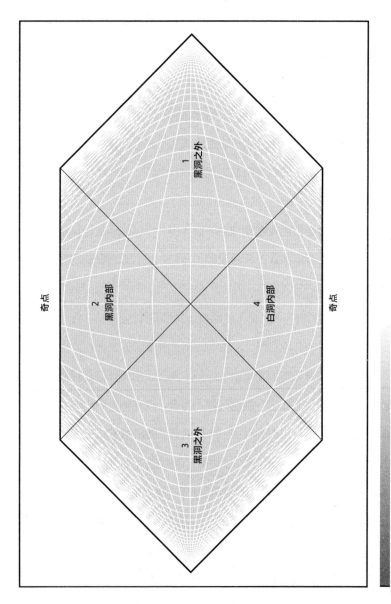

黑洞之外 1

奇点

黑洞内部 2

白洞内部 4

黑洞之外 3

奇点

[6.2] 最大扩张史瓦西时空的彭罗斯图。网格线对应的是扩展阅读 6.1 中所描述的所谓克鲁斯卡－塞凯赖什坐标。

接收信号。对于林德勒，我们也意识到，存在一个视界，将他与区域4隔绝开来。他不能去往区域4，但他可以接收来自那里的信号。多特的菱形左侧底边有什么含义呢？她也和林德勒一样吗？她能接收穿过底边的视界而来的信号吗？如果可以的话，信号来自哪里？这条线有些怪异。它是史瓦西彭罗斯图的边，但它并不在无限远处。为什么另一边就不能有什么存在呢？ 1935年，爱因斯坦和内森·罗森（Nathan Rosen）率先意识到另一边可能存在某些事物。[1]用他们的话来说："四维空间在数学上可以用两片空间（sheet）来描述，这两片空间由一个超平面连接。我们称这样的连接为桥。"[19]今天，"**爱因斯坦-罗森桥**"也被称为**虫洞**。

原来，我们只画了爱因斯坦方程的史瓦西解的一半。它是一个被称为**最大扩张史瓦西时空**的更大空间的一部分，这个名字有点拗口。永恒史瓦西黑洞之于最大扩张史瓦西时空，正如林德勒象限之于闵可夫斯基空间，都是一个较大整体的一部分。我们在图6.2中画出了最大扩张史瓦西时空。

图6.2中最引人注目的地方是出现了全新的时空区域：区域3和区域4。已知区域1是黑洞之外的整个无限远区域，区域2是包

|||||||||||||||||||||||||||||||||||||||||||||||||||||||||

1. 早在1916年，路德维希·弗拉姆（Ludwig Flamm）在他的论文《对爱因斯坦引力理论的若干贡献》（*Contributions to Einstein's Theory of Gravitation*）中就对爱因斯坦-罗森解有所预期，但他似乎并没有发现"桥"。

含时间尽头的内部区域，你也许想知道区域3和区域4到底是什么，这可以理解。让我们来探索一下它们吧。

在彭罗斯图中，时间是向上运行的，而且所有光线都以45度角传播。因此，我们可以在图上的任何一点上画出光锥，并且立即看到不同的区域是如何相互连接的。物体可以从区域4进入区域1、2和3，反之则不行。区域1不能访问区域3，反之亦然。这意味着在图的中间相交的45度线是视界。一名来自区域1的宇航员可以跳进区域2，也就是黑洞的内部；另一名宇航员也可以从区域3跳进区域2。在与时间尽头的奇点（顶部的水平线）会合之前，他们可以在黑洞内部见面聊天。我们注意到，区域3是全然不同的另一个无限宇宙，与区域1完全隔离，但在黑洞内部以某种方式联系在一起。

另一个引人注目的新特征是图底部的水平线，这也是一个奇点。任何事物都不会落入这个奇点，而区域4内存活时间足够长的任何事物最终都必然穿过其中一个视界，进入区域1或3。因此，"宇宙"1或3中的任何人都有可能碰到来自区域4（穿过视界）的东西。区域4是黑洞的反面，被称为**白洞**。对于两个无限宇宙中的宇航员来说，黑洞位于未来，他们可以选择掉进去，也可以选择不掉进去。相反，对于这些宇航员来说，白洞存在于过去。他们可能会收到来自它的信号，但永远无法造访它。这是个相当戏剧性的转折。

我们把这幅图称为最大扩张史瓦西时空。"最大"一词有着专业的含义，与许多专业术语不同的是，它富有启发性。我们所追踪的绕黑洞旋转和进入黑洞的宇航员是不朽者，这意味着：除非遇到奇点，否则他们的世界线应该是无限长的。他们将永远存在，除非他们穿过黑洞的视界。这意味着他们的世界线必然始于无限远或奇点，终于无限远或奇点。如果一个时空具有这样的性质，它就是最大的。图 6.1 中代表永恒史瓦西黑洞的时空并不具备这样的性质，因为我们可以画一条从左侧的边进入图中的世界线。最大扩张史瓦西时空则是不同的。图中的每条边要么在无限远处，要么在奇点上。对于史瓦西时空，来说，这幅图才是完整的。

░ 扩展阅读 6.1　　克鲁斯卡-塞凯赖什坐标

我们在图 6.2 上画的网格与之前所用的史瓦西网格有所不同。请记住，我们可以选择任何喜欢的网格，自然界也没有网格。这些网格线是用克鲁斯卡-塞凯赖什坐标划出来的；该坐标由马丁·克鲁斯卡所发现，乔治·塞凯赖什在 1960 年也独立发现了它。[1] 克鲁斯卡-塞凯赖什网格线对应于时空的类空（大致水平）和类时（大致垂直）切片。需要注意的是，在克鲁斯卡-塞凯赖什坐标中，规避了史瓦

||||||||||||||||||||||||||||||||||||||||

1．克鲁斯卡告诉约翰·惠勒，他的坐标可以连续地覆盖整个最大扩张史瓦西时空，但他懒得发表这个想法。惠勒就此事写了一篇短文，并以克鲁斯卡为唯一作者送去发表，最初克鲁斯卡对此事并不知情。乔治·塞凯赖什也于 1960 年发现了同样的坐标系。

西网格线在视界处的聚集，这更符合穿过视界而不觉得有任何奇怪之处的宇航员对时间的感知。也就是说，值得记住的是，史瓦西时间在视界上的特性确实告诉了我们一些重要的事情——黑洞外的遥远观察者看到坠落的物体冻结在视界上。再次强调一下，我们可以自由选择定位事件的坐标网格，不同的坐标网格对不同的观察者或多或少是有用的。史瓦西网格对于描述黑洞外部的观察者的体验是有用的，因为史瓦西时间坐标直接对应着可测量的量——也就是远离黑洞的时钟所测量的时间。克鲁斯卡-塞凯赖什时间没有这样的阐释，但如果我们想要考虑穿越视界的过程，克鲁斯卡-塞凯赖什网格会更好。

进入虫洞

现在，让我们来探索最大扩张史瓦西时空中两个宇宙之间的连接吧。到目前为止，我们主要用代表空间的单一维度的彭罗斯图来可视化时空。这些图是直观展示不同时空区域中事件之间联系（谁可以影响什么以及何时）的好方法，但它们不太适合用来直观展示时空曲率。我们可以使用所谓的"嵌入图"，来构建更直观的视觉图像。

理解嵌入图的一个好方法是回到地球表面。我们要从脑海中抹去地球是一个三维球体的概念，只考虑它的二维曲面，把曲面想象成一种平面国，就像我们在第二章中遇到的那个世界。平面斯坦和他的同伴们正忙着做些几何学家自娱自乐的事情。他们在曲面上

134

画圆并计算π的值。他们将发现这个值与欧几里得几何中的π值不同。他们也将发现，如果在这个平面国上走得足够远，他们将回到起点。如果他们绘制过墨卡托投影地图，就会把图中左右边缘的点联系到一起。他们或许也开始认识到，由于坐标的选择，在地图的顶部和底部造成了大量的扭曲。毫无疑问，他们会积极寻找一些用来补充的新坐标，以便更好地理解极地地区。重要的一点是，所有这些观测结果和特性都可能是二维宇宙的特征，而不涉及第三个维度。我们是三维生物，可以想象出第三个维度。因此，我们注意到，有一种简洁的方法来表示这种几何体，即将其"嵌入"三维中去。那么，平面国将被表示为球体的卷曲表面。重要的是，第三个维度并非必需品，甚至根部无需存在。我们想象的平面国嵌入的三维空间可能是一个假想空间（有时被称为多维空间）。平面国的哲学家们或许会追问第三个维度是否真的存在，但平面国的航海家们并不在乎这件事。我们作为三维生物可以在脑海中使用（假想的）第三个维度，以直观地展示平面国二维曲面的曲率，并获得新的几何学视角。在一些地平论者曲解这个类比之前，让我们先把话说清楚，地球实际上是三维空间中的球体。这只是一个帮助我们理解的类比，希望也能有助于他们的理解。我们想要强调的一点是，平面斯坦和他的同伴们所观测到的"曲率"可能是他们所在的二维空间的一种固有特性，并不需要第三个维度的存在。据我们所知，在真

白洞与虫洞

实的宇宙中，四维时空的"曲率"（我们体验引力）并不是说我们就生活在一个弯曲进入真实的第五维度的曲面上。我们不认为自己会像平面国的居民那样，对我们的时空弯曲进入的高维宇宙一无所知。

　　从这个意义上说，在广义相对论中，"曲率"一词有点容易产生误导，因为它促使我们想象出一个弯曲进入额外维度的曲面。但曲率是可以直接从完全不涉及额外维度的度规计算出来的一个量。惠勒在他与泰勒[20]合著的书中，以某个章节的标题表达了我们刚才所说的一切："距离决定几何"。作者让我们想象一座"精雕细琢的冰山"漂浮在一片"波涛汹涌的海洋"上。为了绘制它的弯曲形状，我们可以想象冰中插入了成千上万的钢钉，并在它们之间拉上绳索。然后，我们在本子上记下钢钉的位置[II]和绳索的长度。本子上包含了重建冰山几何形状所需的全部信息，包括表面的曲率。在时空中，事件可类比为钢钉——"时空的钢铁测量标桩"。相邻事件之间的距离就是间隔，而本子就是度规。没有任何地方提到冰山要弯曲进入一个额外维度。

　　既然我们是三维生物，我们就可以发挥想象力来描绘时空的二维空间切片的曲率，就像我们可以把平面国的几何想象成球体的

II．我们可以把它们排成一个矩形的网格。

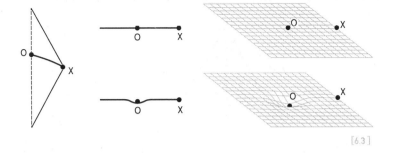

[6.3]

曲面一样。这就是嵌入图的美妙之处。

在我们进入黑洞之前，先观察地球附近的时空来热热身。在地球的外部，这将由史瓦西度规来描述，即三维空间和一维时间。想象一下，截取某一时刻穿过地球赤道的空间切片。用相对论的语言来说，这是一个二维的类空曲面。在图 6.3 的左边，我们画了一幅彭罗斯图，图中就有这样的切片。地球位于O点，切片从地球延伸到X。如果不考虑地球，这就是平直时空的彭罗斯图。我们在图的上部用一条直线表示穿过平直时空的OX切片。如果我们绕O点旋转这条线，将生成一张以O为中心的二维空间（穿过赤道的切片）。这就是我们的嵌入图，对于二维平面（欧几里得）空间，它看起来就像一张坐标纸。

现在，如果我们把地球放到O点，时空将会弯曲，地球外部的曲率将由史瓦西度规来描述。对于一名在太空中接近地球的宇航员来说，

[6.3] 时空中的一个类空切片。

137　　　　　　　　　　　　　　　**白洞与虫洞**

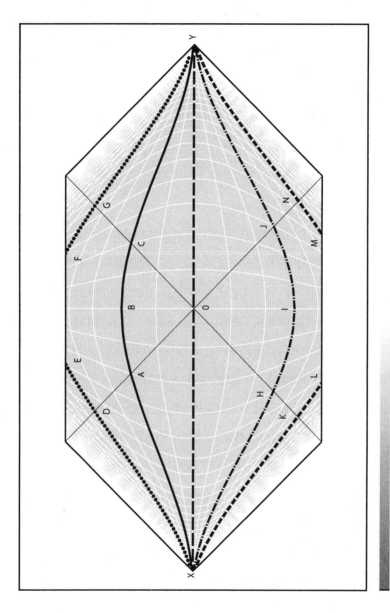

[6.4] 最大扩张史瓦西时空的彭罗斯图。网格线对应的是扩展阅读 6.1 中所描述的所谓克鲁斯卡－塞凯赖什坐标。

黑洞

曲率可以通过用尺子测量相邻事件之间的距离来探明，就像惠勒冰山的曲面可以用钢钉之间拉伸的绳索的长度来描述一样。回想一下，用宇航员的尺子测量的两个事件（其中一个比另一个离地球更近些）之间的距离，如果空间是平直的，这个距离将比预期的大。至于"弯曲"平面国的情况，我们可以解释这种扭曲，而完全不用参考一个想象的额外维度。或者，我们可以提出这样一个问题——如果空间切片被弯曲进入一个额外的维度，它应该是什么形状，才能产生测量到的扭曲。可以看看我们在图 6.3 中绘制的网格。从这个角度来看，地球在空间结构中形成了一个浅凹。现在让我们构建一些嵌入图来探索黑洞的几何吧。

在图 6.4 中，我们画了五个穿过最大扩张史瓦西时空的类空切片。它们都从X延伸到Y（两个类空无限远）贯穿了整幅图。这些切片是不同时刻的几何快照，[III] 较早的时间靠近图的底部，较晚的时间靠近图的顶部。让我们首先关注从右到左依次标记为YJIHX的切片。我们在图 6.5 中将这个切片画成一条线，就像我们在图 6.3

|||||||||||||||||||||||||||||||||||||||||||||||||||||||||||

III．这些切片并不对应于使用一组相同时钟（相对于彼此都是静止的）的恒定时间切片，在平直时空中，可以构想这样一组时钟网络，但时空的弯曲使得这种布置在一般情况下无法进行。相反，它们是恒定的"克鲁斯卡"时间切片。尽管如此，这些切片在某种意义上是类空的，因为它们有着这样的特性，即没有任何物体可以沿着五条曲线中的任何一条运动（它们在各处与水平线所成的倾角都小于 45 度）。这些穿过时空的切片是我们定义某个时刻的空间快照的最佳方式。

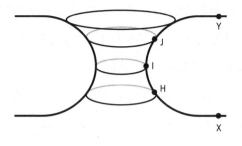

中为地球附近的时空所做的那样。图中的圆圈会促使你想象绕转这条线所产生的的曲面，但请暂时别去想它，把注意力集中在线上。这条线在接近Y时是平直的，因为远离黑洞的空间是平直的。当我们从Y向内移动到J处的事件视界时，空间开始弯曲。到目前为止还算正常。然而，当穿过视界时，这条线继续弯曲，直到它穿过H处的第二个视界，之后在接近X时再次变平。现在，我们可以旋转这条线，就像我们在图 6.3 中所做的那样，然后我们就可以看看这个有趣的几何图形对应的是什么。我们竟然有了两个平直的空间区域，连接它们的是惠勒所谓的虫洞的咽喉，或者爱因斯坦和罗森所谓的桥。平直区域可以被认为是由一个虫洞连接的两个独立宇宙。

[6.5] 穿过永恒史瓦西黑洞的类空切片 YJIHX 的嵌入图，如文中所述。我们可以看到虫洞。

[6.6] 平面国的虫洞。

图 6.6 展示了一个更具艺术性的虫洞渲染图。在只考虑两个空间维度的情况下，我们可以想象平面斯坦和他的朋友们在黑洞周围滑动，黑洞内

有一个无限的空间。我们人类可以看到这是如何运转的，因为我们可以在第三个维度上描绘出弯曲的空间，但对于平面国的居民来说，这个想法似乎非常奇怪。类似的，你可以想象你的手环绕着一个低质量的最大扩张史瓦西黑洞。它的视界是一个微小的完美球体，而你捧起的双手里存在着另一个无限宇宙。

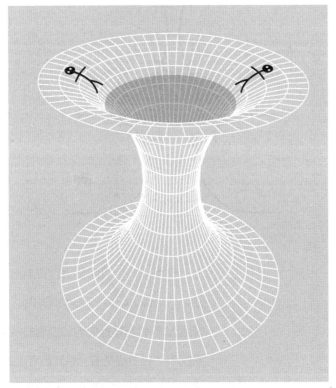

[6.6]

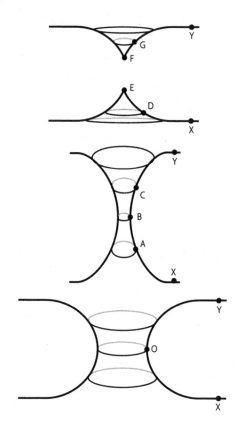

[6.7]

在图 6.7 中，我们又画了三幅嵌入图，代表图 6.4 中所示的空间切片。我们可以看到视界是如何随虫洞的拉伸而分开，并最终破裂，暴露出奇点的。底部的切片比顶部的切片发生在更早

[6.7] 图 6.4 中其他三个类空切片的嵌入图。时间从下往上递增。我们可以看到虫洞是如何拉伸和断裂并留下两个不相连的宇宙的。在虫洞断开之前，没有任何事物能穿过它。

的时间，这意味着虫洞随时间演化。[IV] 正是这种演化阻止了任何事物通过虫洞旅行（详见扩展阅读 6.2）。我们不需要画虫洞就能明白，没有人可以从区域 1 旅行到区域 3，反之亦然，这就是穿越虫洞的旅程所无法避免的情况。从彭罗斯图中就可以看出这一点，因为你画不出一条与垂直方向的夹角小于 45 度的线来连接这两个区域。然而，虫洞的嵌入图提供了一幅极佳的图像，展示了虫洞的演化如何使通过它旅行变得不可能。

图 6.8 是最大扩张史瓦西时空几何的可视化图像，同时还有一个宇航员坠入黑洞的情景。虫洞是恒定克鲁斯卡时间嵌入图。在左上角的图中，宇航员正在接近视界，而虫洞是打开的，连接着两个宇宙。在右上角的图中，宇航员即将穿过视界。他仍然在区域 1 中，但虫洞已经超过自身最大直径，开始关闭。在接下来的图中，他已经穿过了黑洞的视界，虫洞正在收缩，最终在最下面的图中完全闭合。我们看到，宇航员无法穿越虫洞，因为在他通过之前，虫洞就已经关闭了。这一切都不限于特定的宇航员，也不论他们在进入黑洞的过程中是如何辗转腾挪。两个宇宙之间怦然关闭的大门与旅程的细节无关，而且任何人都无力改变。这个故事完全是在史瓦西度规的框架内写就的，该度规是爱因斯坦方程唯一的球对称

||||||||||||||||||||||||||||||||||||||||||||||||||||||||||

IV．这里我们应该说"克鲁斯卡时间"，如扩展阅读 6.1 所述。

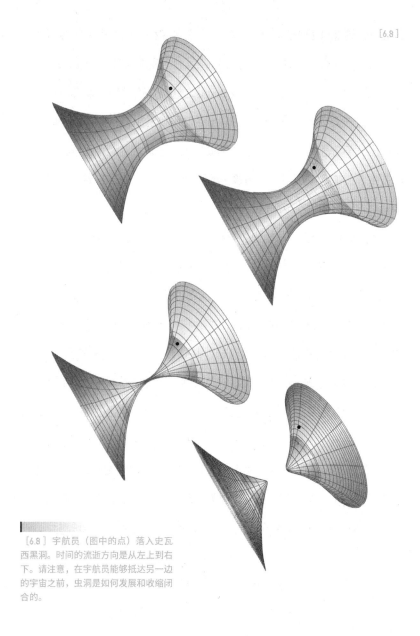

[6.8] 宇航员（图中的点）落入史瓦西黑洞。时间的流逝方向是从左上到右下。请注意，在宇航员能够抵达另一边的宇宙之前，虫洞是如何发展和收缩闭合的。

黑洞

让我们再一次写下史瓦西度规:

$$d\tau^2 = \left(1 - \frac{R_s}{R}\right)dt^2 - \frac{1}{\left(1 - \frac{R_s}{R}\right)}dR^2$$

时间和空间坐标前的（$1-R_s/R$）项告诉我们时空的几何信息——它是如何偏离平直的。这些项不依赖于视界之外（outside the horizon）的时间，这意味着几何不随t的变化而变化。视界之外一词很重要。在视界之内，空间和时间坐标的互换使史瓦西R坐标扮演了时间的角色。如果你还记得的话，视界之内的一个关键特征是，所有事物都不得不移向越来越小的R，正如视界之外的一切事物都被迫在时间上向前流逝一样。为何会如此呢？因为任何具有非零质量的物体的世界线上的间隔必须始终为正。这意味着，dt^2在视界之外不可能为零，dR^2在视界之内也不可能为零。时间的滴答流逝驱使着我们在视界之外随着t向前走，在视界之内随着R向前走。这就是为什么R是视界之内的时间坐标。但

（$1-R_s/R$）项取决于R，这意味着在视界之内几何被迫改变，就像我们被迫走向明天一样无法抗拒。这就是为什么视界内的时空几何是动态的。它在变化，而且是以一种连光都无法穿过虫洞的方式变化。

虽然从一个宇宙到另一个宇宙的旅行是不可能的，因为虫洞收缩闭合了，但我们已经注意到，某人从区域1跳入黑洞，另一个人从区域3跳入黑洞，然后在到达奇点之前，他们二人有可能相遇；在彭罗斯图上很容易看到这一点。此外，在黑洞内（区域2）的某人可以看到区域1和区域3的事物，因为他们可以接收来自这两个区域的信号；这也可以从彭罗斯图中清楚地看出来。这意味着，在跳入黑洞并撞上奇点之间的某个时段，我们勇敢无畏的宇航员能够透过虫洞看到另一侧的宇宙。

145

解。这件事多么美妙啊！

我们当然要问，这一切是否会发生在我们的宇宙中。遗憾的是，答案似乎是"可能不会"，至少对于试图在两个宇宙之间旅行的宇航员来说是这样。这是因为最大扩张史瓦西时空并不对应于由恒星引力坍缩而形成的时空几何。相反，史瓦西解只在恒星之外的真空区域中才有效。图 6.2 中的最大扩张史瓦西时空，包括虫洞、黑洞和白洞，这是对一个无自转的永恒黑洞的正确描述。我们并不知道这样的事物是否存在。

为什么说"可能不会"？因为虫洞的几何是爱因斯坦方程的有效解。1988 年，迈克尔·莫里斯（Michael Morris）、基普·索恩和乌尔维·尤尔特塞韦尔（Ulvi Yurtsever）探讨了虫洞保持开放的可能性。[21]"我们首先要问的是，物理定律是否允许存在一个先进的文明，它可以建造和维持虫洞，并用于星际旅行？"这些虫洞不是由坍缩的恒星形成的，但可以想象它们被"从量子泡沫中拉出来，然后扩大到经典尺度，并且有可能由负能量密度的量子场来维持稳定"。这是个很有趣也极具猜测性的想法。正如几位作者所说，这样的虫洞将是一台时间机器，而这样的存在将产生令人不安的后果。"高级生命能够在测量到薛定谔的猫在事件P时是活着的（从而使其波函数坍缩为活的状态）后，通过虫洞回到过去，在猫到达P之前杀死它（使其波函数坍缩为死的状态）吗？"抛开其中的趣味不谈，这些想法在寻找黑洞信息佯谬的解决方案时重新浮出水面。特别是，微观虫洞可能是时空结构的一部分，这一想法也是我们将在最后几章碰到的ER = EPR假说的一部分。因此，我们的宇宙中也许真的有时间机器。不管怎样，最大扩张史瓦西是广义相对论方程的一个解，而且是一个非常有趣和巧妙的解。它提醒我们，时空可能为我们准备了多么惊人的可能性，正如我们接下来将看到的，虫洞甚至只是其中的一部分。

7.

克尔奇境
● The Kerr Wonderland

1963 年，新西兰数学家罗伊·克尔（Roy Kerr）成功找到了爱因斯坦方程关于自旋黑洞的唯一的真空（渐进平直）解。也许你会认为，为 1916 年的史瓦西解增加自旋应该不会特别费劲，但这耗费了近半个世纪的时间才得以实现，这一事实表明了克尔所发现的解的复杂性。就像史瓦西解那样，**克尔解**也对应着一个永恒黑洞：一个在真空中永恒扭曲的黑洞。但与史瓦西黑洞不同的是，它不再是球对称的。与包括太阳和地球在内的大多数自旋天体一样，克尔黑洞在赤道处隆起，只围绕其自旋轴对称。这种对称性的缺失造成了戏剧性的后果。

根据克尔黑洞自旋速度的不同，它们主要分为两种类型。我们先讨论自旋缓慢的黑洞，再讨论自旋较快的黑洞。图 7.1 展示了一个自旋缓慢的克尔黑洞。与史瓦西黑洞相比，它有三个新特征。首先，奇点是一个环。[I]环的平面与自旋轴成直角，这意味着只有赤道平面上的轨迹才会碰到它，所有其他的轨迹都会错过它。因此，落入克尔黑洞的宇航员可能会躲过时间的终结。其次，克尔黑洞有两个事件视界，我们称之为内视界和外视界。最后，在最外层视界之外还有一个区域，其中的空间被剧烈地拖拽着，以至于任何事物都不可能保持静止。[II]这个区域被称为能层。

为了欣赏自旋黑洞的奇景，让我们再次跟随一位不朽的宇航员进行冒险之旅。在落向黑洞的过程中，宇航员遇到的第一个新特征是能层。[III]能层的外表面是沿径向向外传播的光线冻结的地方。在史瓦西黑洞中，这也是黑洞的事件视界：在这里，空间之河以光速向内下落，永远地困住了向外游动的光子鱼。而对于克尔几何来说，这里并不对应着事件视界——一个不归之地。我们的宇航员可以进入能层，然后选择转身逃离，回到宇宙中去。为什么沿径向向

||||||||||||||||||||||||||||||||||||||||||||||||||

I. 环的半径是 J/c，其中 J 是黑洞的角动量除以它的质量，c 是光速。地球的 J/c 大约是 10 米，太阳的 J/c 大约是 1 千米。

II. 比如说，相对于遥远的恒星。

III. "遇到"这个词有点误导性，因为自由落体的宇航员在进入能层时不会注意到任何异常——对他来说，时空在局部是一如既往的平坦。

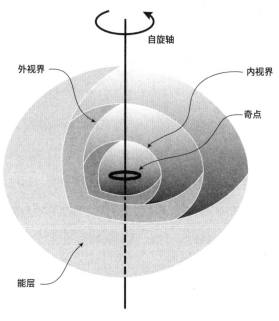

自旋轴

外视界

内视界

奇点

能层

[7.1]

外传播的光线无法逃离，而宇航员却可以呢？当宇航员进入能层时，他不可避免地被带动着沿黑洞自旋的方向旋转。空间也随着自旋而被拖拽着旋转，任何火箭无法阻止宇航员或其他任何东西被拖拽着旋转。这种拖拽的效应就是宇航员能够胜过沿径向向外传播的光线而逃离的原因所在。我们将在扩展阅读 7.1 中对此进行更详细的探讨。

[7.1] 一个自旋缓慢的黑洞的示意图。

[7.2] 一个旋转黑洞的能层。

在穿越能层时，我们的宇航员决定继续向内穿越外视界。对于史瓦西

图 7.2 展示了一个沿自旋轴方向看过去的旋转黑洞。请看那些附近有黑点的小圆圈。这些点对应于光线发出的地方，圆圈则表示几分钟后光线到达的地方。在远离黑洞的地方，点几乎就在圆圈的中心，但随着我们接近黑洞，点错位得越来越厉害。圆圈既向内移动，也在自旋方向上移动。在能层之内，点位于圆圈的外面，这是一个重要的特征。对于史瓦西黑洞，在视界内也会发生类似的事情：点位于圆圈之外，但在这种情况下，圆圈只会

被向内拉。而对于克尔黑洞，它们也会沿自旋方向被"拖拽"。

　　我们可以这样去理解，对于一个不旋转的黑洞，视界上的一个点（闪光）会产生一个不断膨胀的光球壳，并且这个球壳一定会向内坠落，因为没有任何光能够越过视界。用河流模型的语言来说，光被空间的流动带着向内卷。对于旋转的黑洞，情况也是如此，但还存在一种旋流效应，会拖动圆圈。正如图中所示，点有可能位于圆圈之外，这意味着发出闪光的人不可能

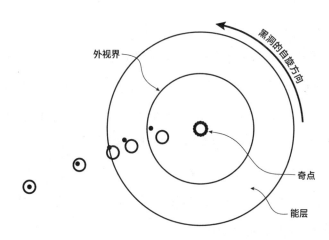

外视界

黑洞的自旋方向

奇点

能层

[7.2]

在点的位置上保持不动。如果他们这样做了，就会跑得比自己发出的光还快。因此，他们被迫与黑洞一起旋转。这与我们在考虑观察者落入不旋转黑洞时所讨论的想法是一样的。在那种情况下，观察者无法在视界内静止不动。在旋转的情况下，同样的角色互换在能层中也会发生，这是一个可以逃离的区域。

把注意力放在横跨能层的圆圈（从左边算起的第三个圆圈）上，我们可以了解逃离能层是如何实现的。圆圈的一小部分位于能层之外。如果我们把这个圆圈想象成发出闪光的人的未来光锥，那么我们就可以看到，有可能为其描绘一条世界线，穿过能层的边界，然后向外延伸到外部宇宙。

黑洞，这是一个毫无特点的地方，标志着不归路的起点。现在，宇航员必须向内行进，穿越第二个视界，也就是内事件视界。但是史瓦西和克尔这两种情况有一个饶有趣味的区别。对于自旋黑洞，宇航员一旦越过内视界，就重新获得了航行的自由。奇点并不必然存在于他的未来，所以时间也不一定会终结。我们可以通过图7.3中的时空图来理解这一切。在靠近外视界的地方，也就是区域I中，其几何与史瓦西黑洞的情况相似。当穿过外视界进入区域II时，光锥向内倾斜，这意味着宇航员不可避免地要向内视界行进。然而，当穿过内视界进入区域III时，光锥会再倾斜回来，我们的宇航员可以在没有遇到奇点的情况下四处航行。永恒依然存在。那么，选择躲避时间终点的宇航员会怎样呢？

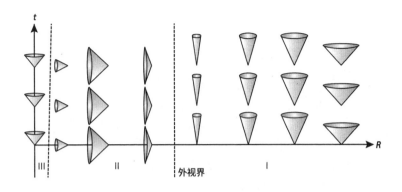

[7.3]

为了回答这个问题，我们需要一幅彭罗斯图，可以根据处理史瓦西黑洞时的经验开始构建它。图 7.4 是一个开端。图中弯曲的黑色粗线是宇航员从外部宇宙（区域I）穿过外视界（45 度黑色线）进入区域II，然后穿过内视界（45 度灰色线）进入区域III的路径。区域I和外视界很容易画出来，因为它们和史瓦西黑洞的情况一样。右侧的两条黑线（ℑ⁺ 和 ℑ）代表（类光）无限远，它们是彭罗斯图的真正边界。我们的宇航员进入区域II，然后注定要穿过内视界，被空间的流动无情地带着前行。这就要求我们画灰色线来表示内视界。所有的视界必须呈 45 度角。到目前为止一切顺利。现在出现了第一个新奇之处。垂直的波浪线代表区域III内的环状奇点。注意它们是

[7.3] 克尔黑洞内部和外部的未来光锥。

153　　　　　　　　　　　　　　　　　克尔奇境

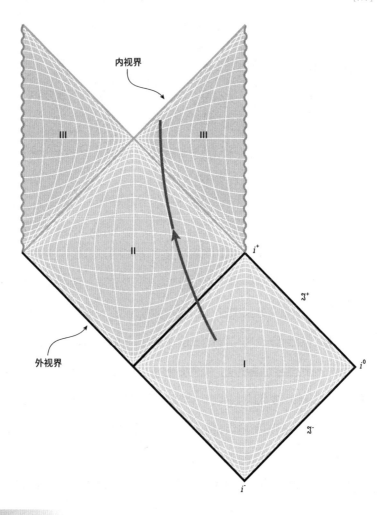

内视界

III　　　　III

II

外视界

i^+

$\mathcal{J}^+$

i^0

I

$\mathcal{J}^-$

i^-

[7.4] 与文中讨论相对应的一个克尔
黑洞的彭罗斯图，它显然是不完整的。

黑洞

垂直的，而不是如史瓦西黑洞那样是水平的。这是因为克尔奇点是类时的，意味着我们的宇航员可以看到它（45 度线表示始于奇点的光线可以到达宇航员的世界线）。而史瓦西黑洞内的类空奇点是彭罗斯图上的水平线，没有人能预见它，这就是二者的同之处。

根据第六章中处理彭罗斯图的经验，我们立即注意到图 7.4 并不是事情的全貌。图中黑洞内的两条对角边是视界，而非奇点，它们并不位于无限远处。我们在研究史瓦西黑洞时也遇到了类似的情况。当时我们扩张了时空，并且发现了爱因斯坦-罗森桥。扩张时空同样适用于这里。为了确保所有世界线都终于无限远或奇点处，我们不得不扩张了图 7.4。结果非常令人震惊，部分结果如图 7.5 所示。我们已经知道，黑洞的事件视界内可能存在一个体积无限大的空间，但在最大扩张史瓦西黑洞的情况下，我们只需要应付虫洞另一端的另一个无限宇宙。而在永恒克尔黑洞的内部则存在着无穷无尽的无限宇宙，彼此嵌套，就像塔迪斯（TARDIS，指的是英国科幻电视剧《神秘博士》中的时间机器和宇宙飞船）版的俄罗斯套娃一样。彭罗斯图本身将填满一张无限大的纸面。这个克尔奇境是扩张图 7.4 并与广义相对论保持一致的唯一方法。

我们完全可以这样发问："在这儿，我们到底在这里画了些什么？"这幅图描绘了无限宇宙之"塔"的一部分，意味着在永恒克尔黑洞内部藏有无限的空间和时间，而且时空不需要与奇点强制性

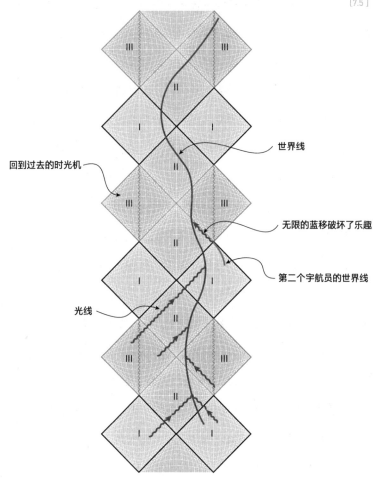

世界线

回到过去的时光机

无限的蓝移破坏了乐趣

第二个宇航员的世界线

光线

[7.5] 最大克尔黑洞。纵向的线是我
们勇敢的宇航员的世界线。图 7.4 所示
的部分旅程位于底部。波浪线代表光线
的可能路径。

会合。为了看清事情的发展，让我们继续跟随宇航员深入黑洞的内部。

回想一下，宇航员最初位于图底部的区域I，这是外视界之外的无限时空区域，称之为"我们的宇宙"。他穿过外视界，进入区域II。他现在位于黑洞内部，在外视界和内视界之间。我们可以看到，就和在史瓦西黑洞中一样，他不仅能够接收来自我们宇宙——区域I——的信号，还能够接收来自另一个宇宙——"其他"区域I（我们画了两条波浪形的光线来说明这一点）。他可以遇到从另一个宇宙穿越外视界而来的宇航员，但现在他们并非注定要在时间的尽头与奇点相会，因为在区域II中没有奇点。相反，他必须穿过内视界，进入区域III。（用垂直波浪线表示的）环状奇点逼近，但他可以避开它。现在好戏开始了。

他选择避开奇点，穿越到第二个区域II。这个区域的边界是一个视界，但这是白洞的视界，也是通往另一个区域I——另一个宇宙的门户。此时，他可以选择前往并探索这片新奇迷人的星海，但他不一定要这样做。在这个新宇宙中有另一个克尔黑洞的外视界，他选择一头扎进去。一旦进入这第二个黑洞，整件事情就会重演，直到他跳进第三个黑洞。当他出现在图中的第三个区域III时，已经准备好勇敢地面对奇点了。他穿过环状奇点，进入无限宇宙之塔中的另一个新宇宙。但这个宇宙与其他宇宙非常不同。在这个时空区域中，引力的作用是推而不是拉。[IV] 这是一个反引力宇宙。他仍然可以转身穿越环状奇点，但也可以做些安排，让他在进入之前就出现。这是有可能的。因为我们的宇航员可以在区域III中选择一些路径，这些路径可以循环回去，回到同一点上。我们无法在我们的彭罗斯图中画出这样的路径，因为它们涉及在一个我们还没有绘制的维度上的循环。这些路径被称为"闭合类时曲线"。想象一条穿越时空的路径，始于你出生的前一天，并在几年后（根据你手表的时间）又回到你出生的前一天。这就是时间旅行。在区域III的时空几何中，这样的路径是有可能存在的。这意味着克尔黑洞是一台时间机器（有时被称为卡特时光机，以首次发现它的布兰登·卡特的名字来命名）。

现在，各种各样的问题都冒了出来。如果宇航员决定不让自己出生呢？如果他没有自由意志，这就不一定是悖论；可以想象的是，宇宙可以被构造成这个样子，即时间旅行是可能的，但整件事情仍然符合逻辑规律。也许你不可能阻止自己的出生并造成这样的悖论。对自由意志的思考（也许不可避免，谁知道呢）超出了本书的范围，但是探讨可能的时空几何却是本书所涵盖的内容。最大的问题是：自然界真的存在允许闭合类时曲线出现的时空吗？

|||||||||||||||||||||||||||||||||||||||||||||||||

IV. 这是方程告诉我们的，我们无法从彭罗斯图中弄清楚宇航员所经历的事情。

在索恩 60 岁生日聚会的论文集（只有最杰出的物理学家的生日会上的讨论才会被收录成集）中，霍金写下了关于允许时间机器存在的时空的论文。[22] "这篇小论文将讨论时间旅行，随着索恩年龄的增长，这也成为他的兴趣所在……"他开始说道，"但公然猜想时间旅行是件很为难的事情。如果媒体发现政府在资助时间旅行方面的研究，必然会引发公众对公共资金浪费的强烈抗议……所以，我们中只有少数人才会莽撞地去研究这样一个在政治上如此不正确，即使在物理学界也不合时宜的课题。我们用'闭合类时曲线'之类的术语来掩饰我们的行为，而这只是时间旅行的代名词。"

霍金提出了"时序保护猜想"（Chronology Protection Conjecture），尽管这还没有得到确凿的证明。该猜想指出：物理定律合力阻止了宏观物体的时间旅行。霍金所说的宏观物体指的是像宇航员这样的大家伙，而不是亚原子粒子。这意味着最大扩张克尔几何不应该存在于自然界中，而我们相信这一点是基于两个原因。首先，正如我们已经提到并将在第八章中看到的，真实的黑洞是由坍缩物质形成的。物质的存在改变了黑洞视界内的时空，有效地堵住了通往其他宇宙的门户。最大扩张史瓦西解和克尔解都是爱因斯坦方程的真空解，它们都对应于永恒黑洞，而据我们所知，这样的黑洞并不存在。

克尔奇境不应该存在的第二个原因如图 7.5 所示。这条短的绿色曲线是某个人的世界线，他在一个区域I宇宙中毫无波澜地朝着未来类时无限远移动。他们以固定的时间间隔向黑洞内的宇航员发送光信号，但正如我们在第三章中看到的，无限的时间被压缩在菱形的尖端。这意味着光信号沿着菱形的上边缘堆积，并沿着内视界进入黑洞。这代表了无限的能量流（其中一个信号由紫色的波浪线来表示），它将导致一个奇点的形成，封锁了区域Ⅲ、环状奇点及其之外的区域。"内视界标志着我们的宇航员还能接收到消息的最后时刻，但随后他就能接收到所有的消息。"[23] 世界线将在奇点[V]处终结，所以没必要也不可能延伸到包含环状奇点、时间机器和无限宇宙之塔的区域。

快速自旋的黑洞

如果黑洞的自旋（J/c）大于史瓦西半径的二分之一，彭罗斯图就不再是克尔奇境的样子了。时空要简单得多，但涉及所谓的裸奇点，如图 7.6 所示。

事件视界消失了，只留下一个环状奇点（波浪线），它仍然是通往一个引力是斥力而非引力的无限空间的门户。裸奇点是指不受

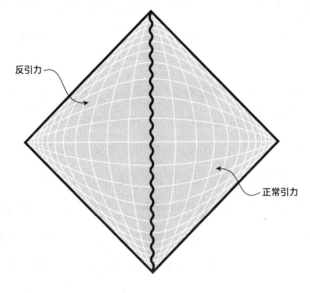

反引力

正常引力

[7.6]

视界保护的奇点。裸奇点是物理学家的诅咒，以至于彭罗斯提出了"宇宙监督假设"（Cosmic Censorship Conjecture）。该假设断言，除了大爆炸之外，我们的宇宙中不存在裸奇点。裸奇点的问题在于，它们无意中污染了时空，世界变得无可救药地不确定。对过去的充分了解不足以预测未来。要了解原因，想象图 7.6 的时空中的任何事件，会有来自奇点的光线到达这个事件，从而影响它。然而在奇点这样的地方，已知的物理定律是失效的。这意味着，时空中的每

[7.6] 一个快自旋黑洞的彭罗斯图。

克尔奇境

一个事件都可能受到一个不可预测的时空区域的影响；对于那些用过去的知识预测未来的物理学家来说，这是一个糟糕的局面。话虽如此，大自然并没有义务让物理学家过得轻松些。

1991 年，索恩、普雷斯基尔和霍金打了一个著名的赌：物理定律禁止裸奇点的存在。霍金认为，裸奇点在任何情况下都是被禁止的。但事实似乎并非如此。1997 年，霍金因"技术性细节"而做出了著名的让步，他的让步登上了《纽约时报》的头版。技术性细节指的是计算机模拟可以产生裸奇点，尽管其模型具有高度的人为依赖性。话虽如此，它们并不需要任何超出已知物理定律的太过奇特的东西。因此，索恩、普雷斯基尔和霍金修改了措辞，重新打赌。如果没有一些难以想象的（可以对引力坍缩进行微调的）先进文明的干预，我们的宇宙中不会自然而然地出现裸奇点。根据赌约，霍金向索恩和普雷斯基尔赔付了T恤，"用来遮住获胜者的裸体"。用索恩的话来说，这些T恤在政治上不正确，他们永远不会穿上。

是什么阻止了克尔黑洞自然而然地获得足够的自旋来产生裸奇点呢？人们可以很容易地设想如何让黑洞自旋得更快，这样即使它开始转得很慢，最终也会转得足够快，从而暴露出一个裸奇点。例如，为什么不把一个自旋的球（如果我们想认真一点的话，也可以是一颗自旋的恒星）扔向黑洞，同时让它的自旋方向和黑洞的自旋方向一致呢？这将增加黑洞的自旋，有可能使其超过临界值。这个计算可以用广义相对论来完成，结果表明黑洞把自旋的物体推开了。这种"自旋-自旋"的相互作用是一个很好的例子，说明了广义相对论是如何以宇宙监督原则为基础构建的。自然形成的黑洞似乎总是把它们的奇点藏在视界的后面。

你可能会因大自然似乎不允许虫洞和克尔奇境的存在而感到失望，但你的失望可能过于悲观了。它传递的信息是，广义相对论的框架丰富得足以容纳形形色色的时空。也许这种非凡的潜力在大自然中已经实现了？我们稍后会回到这个隐晦的陈述：答案并没有直接说"不"。

回到能层

尽管形成克尔黑洞的坍缩恒星的下落物质可能会抹去其内部的几何，但位于外视界之外的能层却不会这样。自旋黑洞确实存在，并且去外部时空是由克尔解所描述的。所以让我们回到能层，也就是外视界之外的区域，在该区域之内的事物一定会被空间的流动所带动。回想一下，在能层内，空间和时间互换角色（见扩展阅读 7.1），但其中的事物仍然有可能逃离。彭罗斯首先意识到能层内这种时空角色互换的后果：这使得从自旋的黑洞中提取能量成为可能。该想法如图 7.7 所示。

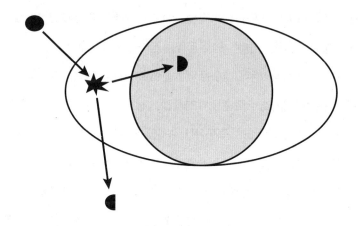

想象一下，把一个物体扔进能层，它在那里碎成了两部分。一部分落入黑洞，另一部分则跑了出来。这是有可能的，因为能层位于事件视界之外。令人惊讶的是，跑出来的那部分携带的能量比原来的物体带进去的能量还要多。这种魔法是如何发生的呢？

重要的一点是，以黑洞之外的人的角度来看，能层内的物体可能具有负能量。在黑洞之外，物体总是具有正能量的。然而，在能层内，负能量的物体是有可能存在的。[VI] 这种可能性的出现是由于

[7.7] 彭罗斯过程。

VI． 使用远在黑洞之外的观察者定义的能量和时间的概念。

黑洞

空间和时间的角色互换，以及能量和动量与空间和时间的密切相关。

　　要理解空间、时间、动量、能量之间的联系，我们需要简单回顾一下 1918 年，回到阿马莉·埃米·诺特（Amalie Emmy Noether）所在的时代。用爱因斯坦的话来说，诺特是"自女性开始接受高等教育以来最具创造力的数学天才"。在其众多成就中，诺特发现了能量守恒定律是时间平移不变性的直接结果，通俗地讲，这意味着实验的结果不取决于它是在一周里的哪一天进行的（在所有其他条件都相同的情况下）。同样地，动量守恒定律是空间平移不变性的结果，这意味着实验结果不取决于它是在哪里进行的（在所有其他条件都相同的情况下）。这就意味着空间和时间在能层中的角色互换伴随着相应的动量和能量的角色互换。在黑洞之外的宇宙中——我们的日常世界——动量是可正可负的，因为物体可以向左移动，也可以向右移动。在能层内，这种互换意味着能量同样可正可负。

　　如果下落物体的一部分在能层内脱落并携带负能量进入黑洞，黑洞的能量就会减少。然而，总能量一定是守恒的，这意味着离开能层的部分带走的能量一定比带进去的能量多。

　　在图 7.8 中，我们重现了米斯纳、索恩和惠勒的一幅图，它展示了生活在克尔黑洞周围的先进文明如何利用彭罗斯过程来处理他们的垃圾，并为他们的文明发电。这是终极的绿色能源计划。

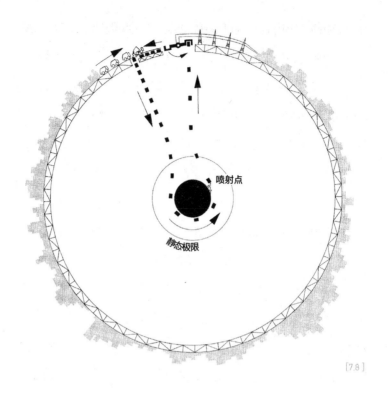

喷射点

静态极限

[7.8]

我们花了相当多的时间来探索能层，因为还有一个重要的附言。现在看来，经过彭罗斯过程后，黑洞事件视界的面积总是在增加。乍一看，这令人惊讶，因为一个自旋黑洞在经过彭罗斯过程后会失去质量。因此，我们可以预见视界会收缩。但是，我们正在考虑的是自旋黑洞，只要黑洞的自旋减慢，即使黑洞的质量减少，外事件视界的面积也会增加。利用广义相对论

[7.8] 黑洞开采。摘自米斯纳、索恩和惠勒 1973 年的著作《引力》。

方程，我们可以证明，黑洞的自旋在彭罗斯过程中总是减慢的，而且足以保证外视界的面积总是增加。这个"面积总是增加"的定律不仅仅适用于彭罗斯过程。1971 年，霍金证明，根据广义相对论，无论如何黑洞视界的面积必然始终增加。[VII] 这是一个非常重要的结论，也是我们和黑洞热力学定律的第一次接触。

在深入研究这个重要的主题之前，让我们暂时先从纯理论的视角中退出来，转而去探索我们观测到的遍布宇宙的真实黑洞的形成过程。

||||||||||||||||||||||||||||||||||||||||||||||||

VII． 当我们开始考虑量子物理时，它将被允许减少。

8.

由恒星坍缩而成的真实黑洞
● Real Black Holes from Collapsing Stars

在我长达 45 年的科学生涯中，最震撼的体验莫过于认识到，新西兰数学家克尔发现的爱因斯坦广义相对论方程的精确解，竟然为宇宙中无数巨大的黑洞提供了绝对精确的描述。这一发现源于对数学中美的探索，而且竟然在自然界中找到了它的精确摹本，这种震撼人心的美，这个令人难以置信的事实，促使我相信，美是人类心灵最深处、最深刻的回响。
●钱德拉塞卡 [24]

到目前为止，我们所探索的黑洞都属于广义相对论的数学范畴。在二十世纪的大部分时间里，包括爱因斯坦在内的物理学家们都知晓这些非凡的宇宙之物，但大体上对此不屑一顾，他们的这种态度是非常合理的，即我们不应该仅仅因为物理理论的允许就认为某些事物理当存在。如果真实的（而非数学的）天空中要存在黑洞，大自然就必须建造它们。由恒星坍缩而成的真实黑洞是本章的重点。我们将了解到，在真实的宇宙中，史瓦西和克尔发现的爱因斯坦广义相对论方程的解具有非凡的意义，因为它们是每一个黑洞之外区域的时空的唯一可能解。在物理学中，没有任何事物能如坍缩恒星那样，从看起来非常复杂的事物被简化为非常简单和精确的事物。史瓦西解只取决于一个数字（质量），而克尔解则增加了第二个数字（自旋）。仅凭这两个数字，我们就可以准确地计算出真实黑洞之外区域的引力景观。这是一个惊人的断言——什么事物坍缩形成黑洞并不重要，也无需在意坍缩的过程。视界之外只留下一个简单而完美的时空。这就是促使钱德拉塞卡写下本章开头那段极具感染力的散文的原因。这里再次引用钱德拉塞卡的话："自然界中的黑洞是宇宙中最完美的宏观天体……而由于广义相对论只提供了一组唯一的解来描述它们，它们也是最简单的天体。"

一如既往，惠勒找到了一个更为精辟的短语："黑洞无毛。"在回忆录《真子、黑洞和量子泡沫》（*Geons, Black Holes and Quantum Foam*）中，惠勒讲述了他与理查德·费曼（Richard Feynman）的一次交谈，不拘小节的费曼指责他使用的语言"不宜在正式的场合谈论"。"我试图用黑洞无毛来概括黑洞非凡的简洁性。我猜，费曼脑海里浮现的画面和我的不一样。我想到的是一屋子秃顶的人，很难确定他们哪个是哪个，因为他们没有头发的长短、发型或发色之类的差异可供识别。事实证明，黑洞只向外界展示了三个特征：质量、电荷（如果有的话）和自旋（如果有的话）。它缺乏传统物体所拥有的赋予其个性的'毛发'……没有发型师能够给黑洞做出特定的颜色或发型。它是无毛的。"

20世纪60年代末到70年代初的一系列论文确立了从外部观察黑洞的惊人的简洁性。根据广义相对论，视界一旦形成，我们就无法看到其内部的复杂性。1972年，美国物理学家理查德·H.普赖斯（Richard H. Price）证明，即使有行星或恒星那么大的物体坠入视界，黑洞也会迅速恢复到完美的状态。对于史瓦西黑洞来说，视界将恢复为一个完美的球面，任何由落入黑洞的物体所引起的扰动都会被引力波辐射抹平。结论是，宇宙中所有黑洞之外的时空要么是史瓦西的，要么是克尔[1]的。

那么，对于一颗真正的坍缩恒星来说，会发生什么呢？一团足够致密的物质会向内坠落，形成视界，并最终消失在时空奇点之中，这是有可能甚至必然会发生的吗？解决这个问题的第一次尝

||||||||||||||||||||||||||||||||||||||||||||||||||

[1]　严格来说，黑洞也可以携带电荷，但天体物理学上的黑洞是电中性的。

试可以追溯到 1939 年，当时罗伯特·奥本海默和哈特兰·斯奈德（Hartland Snyder）证明，在特定的假设下，恒星会坍缩形成黑洞。具体来说，他们考虑了一个无压力的物质球，且具有完美的球对称性。你可能会对此感到犹豫：恒星的内部肯定不是零压力的环境，坍缩的物质也不是一个完美的球体。也许奥本海默−斯奈德关于黑洞可以在自然界中形成的结论与完美球对称的假设有关。如果所有的东西都朝着球中央的一个精确的点坠落，那么奇怪的事情就会发生。更现实的情况是，物质会在周围旋转，并会涉及真实恒星的所有复杂性。也许这会导致坍缩，但不会产生时空奇点。多年来，黑洞并非由坍缩的恒星物质形成的可能性一直是主流观点。

彭罗斯于 1965 年 1 月发表的论文从根本上解决了这个问题。他指出，恒星坍缩的复杂动力学并不重要，只要满足某些条件，黑洞就必然会形成。[II]

彭罗斯证明，一旦物质的分布被压缩到连光都无法逃逸的程度，时空奇点的形成是不可避免的。图 8.1 取自彭罗斯的论文，由彭罗斯本人手绘，它提供了一种直观的方式来描绘恒星坍缩形成黑洞的过程。时间（由远离恒星的人测量，图中标记为"外部观察

||||||||||||||||||||||||||||||||||||||||||||||||

II. 1963 年利夫希茨（Lifshitz）和哈拉特尼科夫（Khalatnikov）发表的一篇论文让情况变得复杂起来，该论文声称不存在奇点。不过，他们与别林斯基（Belinskii）合作之后，在 1970 年撤回了他们的主张。

由恒星坍缩而成的真实黑洞

[8.1] 一颗坍缩恒星的时空图。摘自
彭罗斯 1965 年的论文《引力坍缩和时
空 奇 点》(*Gravitational Collapse and
Space-Time Singularities*)。

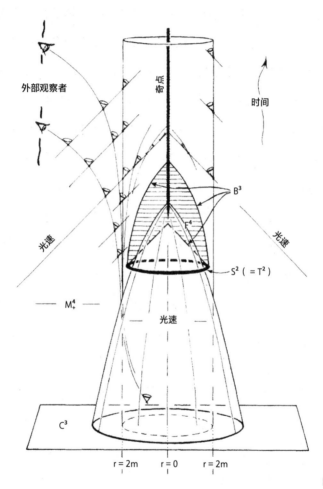

外部观察者

奇点

时间

B^3

C^4

S^2 (= T^2)

光速

光速

M_+^4

光速

C^3

r = 2m   r = 0   r = 2m

[8.1]

172

黑洞

者"）的推移自下而上，图中只画出了两个空间维度。因此，在这张图的任何水平切片上，恒星的表面都被画成一个圆。例如，在图底部标记为C^3的切片上，恒星的表面由黑色实线圆表示。里面的虚线圆代表恒星的史瓦西半径[III]（回想一下，太阳的史瓦西半径是3千米）。所有恒星内部的复杂物理现象都在实线圆内发生，彭罗斯论点的美妙之处在于，一旦恒星坍缩到其史瓦西半径内，那里发生的事情的细节就不重要了。

我们可以在图上向上移动来跟踪恒星的坍缩。每个水平切片对应于一个时刻。随着时间的推移，代表恒星表面的圆逐渐变小，恒星表面在图上逐渐呈现为圆锥形。圆锥体的内部就是坍缩恒星的内部，被标记为"物质"。垂直的虚线标出了史瓦西半径。当黑洞形成后，它们变成实线，然后代表事件视界。这张图上还有很多我们不需要的细节——毕竟它直接取自彭罗斯发表的论文。然而，光锥是值得关注的。一旦恒星表面通过史瓦西半径，内部的光锥都会指向奇点。因此，外部观察者永远看不到恒星坍缩穿过视界的过程。他们只会看到，随着恒星表面接近视界，它的收缩速度越来越慢。对于视界内的任何人来说，（我们很容易看出）奇点不可避免地出现在他们的未来，尽管他们永远不会看到它的到来。再一次，

||||||||||||||||||||||||||||||||||||||||||||||||||||||

III．在图中，史瓦西半径是 $r = 2m$，其中 m 是恒星的质量，因为彭罗斯的单位是 $G = c = 1$。

我们看到奇点是时间上的一个瞬间。

尽管彭罗斯的这张图是针对零自旋的史瓦西黑洞绘制的，但他的定理更具普适性，也适用于克尔黑洞，或任何可能的坍缩物质分布。这个定理关注的是在奇点形成之前的黑色实线圆上发生的事情，我们把这个圆标记为S^2。这个假想的表面被称为陷俘面（trapped surface），它是彭罗斯论证的关键要素，因为他证明了，如果时空中存在一个陷俘面，并非所有的光线都能永远传播下去。那么这个陷俘面是什么？

图 8.2 阐明了这个概念。想象一下空间中某个斑块状区域，想象从斑块表面发出的许多光脉冲。对于普通平直空间中的一个斑块，一半的光会向外传播，远离斑块，另一半会向内。图的左边说明了这一点。我们只展示了五道闪光，但可以想象更多。黑色波浪线表示向外的光，灰色波浪线表示向内的光。阴影区域是这两组闪光之间的体积，由于光以光速向外和向内传播，这个体积会随着时间的推移而增大。由于没有什么比光传播得更快，任何最初位于斑块表面的物质都必须留在不断扩大的阴影区域。到目前为止一切顺利（希望如此）。

在右边，我们画了一个陷俘面。在这种情况下，灰色和黑色的光都是向内传播的。由于时空的弯曲几何，这种现象发生在黑洞的视界内。光线的汇聚带来了麻烦。和以前一样，任何位于陷俘面

黑洞

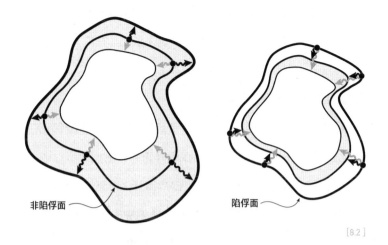

非陷俘面

陷俘面

的物质都必须待在阴影区域内，因为没有什么能比光传播得更快。但现在这个区域正在萎缩殆尽。在彭罗斯的图中，标记为$\mathbf{F^4}$的阴影区域对应于图 8.2 中的阴影区域。

你可能会认为这是显而易见的，因为陷俘面内的所有物质都注定会被挤压到无，但其实我们应该小心运用自己的直觉，因为它可能会带有一点欺骗性。正如我们从克尔黑洞中了解到的那样，物质可能会穿过虫洞，在"另一边"爆炸，并进入无限的时空。彭罗斯严谨地证明了至少有一条向内传播的光线会终止。彭罗斯在 1965 年的论文中使用的数学技巧为一系列相继出现的范围更广的奇点定理打开了大门，这些定理主要是他与霍金合作提出的。值得注意的

[8.2] 被困表面。

175　　　　　　　　　由恒星坍缩而成的真实黑洞

是，他们成功地将彭罗斯最初提出的定理扩展到所有粒子，而不仅仅是光。他们还"反向"应用这些定理来证明，在广义相对论中，宇宙在过去必定存在一个奇点，用本书开头的话来说，"……在某种意义上构成了宇宙的开端"。

顺便说一句，值得注意的是，奇点定理本身并不能保证在所有情况下都会形成黑洞。黑洞不仅仅是奇点；它们之所以成为黑洞，是因为它们的内部被视界与外部隔离开来。正如我们所见的，可能存在一些没有被视界屏蔽的奇点，比如快速旋转的克尔黑洞中的裸奇点。为了避免这种可能性，我们还需要第七章中讨论的宇宙监督假设。

撇开裸奇点不谈，要避免得出我们的宇宙中一定存在黑洞这一结论，唯一的方法就是论证物质不可能被压缩到足以形成陷俘面。这似乎不太可能，因为我们从钱德拉塞卡的研究中知道，没有任何已知的物理学可以阻止质量足够大的恒星的坍缩。有人可能会争辩说，在陷俘面形成之前，一些意想不到的天体物理学剧变或某种自然界某种新的力的介入会中断恒星的坍缩。也许有足够的物质在气体旋转或坍缩恒星爆缩时被吹走。这种情况可能会发生，但不太可能发生在每个可能的坍缩系统中。为了强调这一点，彭罗斯定理适用于这样一种情况——大量普通恒星之间的距离近到足以在它们周围形成一个陷俘面，比如可以想象在星系中心发生的情况。在这种情况下，恒星之间可能仍然相距很远，以至于物质的平均密度远远小于恒星的平均密度，而我们对这种密度下的物理学非常了解。然而，这个定理告诉我们，恒星注定要坍缩。

彭罗斯和霍金的奇点定理标志着物理学家看待黑洞的方式发生了变化：结合钱德拉塞卡的研究，这些定理几乎说服了所有的物理学家，用诺贝尔奖委员会的话来说，"黑洞是广义相对论的一个强有力的预测"。今天，我们不需要仅仅依靠理论，因为21世纪的技术已经让我们能够拍摄超大质量黑洞的照片，并利用引力波探测器观察黑洞的碰撞。

真实黑洞的彭罗斯图

当我们在讨论虫洞和爱因斯坦方程永恒史瓦西解和克尔解的奇境时，我们曾说过，彭罗斯图中通往其他宇宙的门户在由恒星引力坍缩形成的黑洞中是不存在的。那么，一个真正的天体物理学黑洞的彭罗斯图是什么样子的呢？

1923年，美国数学家乔治·大卫·伯克霍夫（George David Birkhoff）证明，任何球对称且非旋转的物质分布的外部时空一定是史瓦西时空。即使物质处于坍缩过程中，这也是正确的。有了这些额外的信息，我们可以画出对应于一个完整时空的彭罗斯图，在这个时空中，一个孤立的黑洞由球对称物质壳坍缩而成。

由恒星坍缩而成的真实黑洞

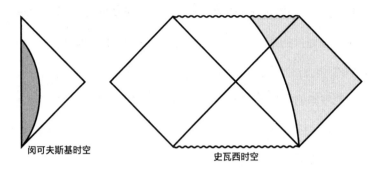

闵可夫斯基时空

史瓦西时空

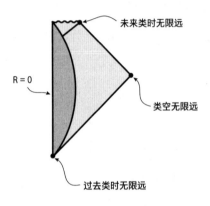

未来类时无限远

R = 0

类空无限远

过去类时无限远

[8.3]

想象一个正在坍缩的薄的球对称物质壳。一颗真正的恒星当然不只是一个壳，我们只是稍微简化了一下。根据伯克霍夫的说法，壳外的时空将是史瓦西时空。而壳内部不存在引力。牛顿的万有引力理论也是如此，正如他在《数学原理》中所证明的那样。因此，在内部，时

[8.3] 一个正在坍缩的物质壳的彭罗斯图（底部）。壳的内部是闵可夫斯基时空（深灰色区域），壳的外部是史瓦西时空（浅灰色区域）。

黑洞

空是平直的。因此，要制作彭罗斯图，我们只需将对应于壳内部和外部的两个时空片段拼接在一起。如图 8.3 所示。

左上方的图是平直（闵可夫斯基）时空，如图 3.10 所示。深灰色阴影区域是坍缩壳的内部区域。弯曲的黑线是壳的世界线。我们假设它在遥远的过去（三角形的底部，对应于过去类时无限远）开始坍缩，并在某个有限的时间内缩小到半径为零。壳的内部是闵可夫斯基时空，因为那里没有引力。根据伯克霍夫定理，壳的外部（无阴影区域）是史瓦西时空，亦如右上方图中的浅灰色阴影区域。曲线仍表示坍缩壳的世界线，但这次是在史瓦西时空中绘制的。完整的时空必须包括壳内的闵可夫斯基时空和壳外的史瓦西时空，这意味着它必须看起来像下面的图，这是通过将上图的深灰色和浅灰色部分拼接在一起得到的。[IV] 令人失望的结果来了，不再有虫洞和白洞——壳内的区域是"单调乏味的"闵可夫斯基时空。

通过绘制一些嵌入图，我们可以对恒星坍缩过程中发生的情况有一个不同的认识，就像我们对永恒史瓦西黑洞内的虫洞所做的那样。在图 8.4 中，我们展示了一系列嵌入图，它们代表了在壳的坍缩过程中，随着时间流逝在不同时刻的彭罗斯图切片。时间流逝

||||||||||||||||||||||||||||||||||||||||||||||||||||

IV．严格地说，这个逻辑只适用于视界以外的区域，我们在某种程度上猜测视界内发生了什么。

由恒星坍缩而成的真实黑洞

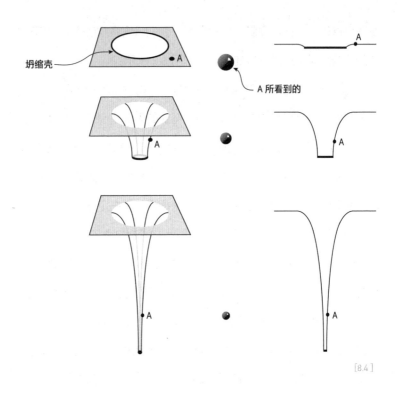

坦缩壳

A 所看到的

[8.4]

[8.4] 物质壳的坍塌是形成黑洞的一种方式。壳不断收缩，并越来越剧烈地扭曲附近的时空。右边的侧视图帮助我们理解空间的弯曲。宇航员 A 跟在壳的后面，总是看到它位于自己下方，由于潮汐效应，壳在下落时缩小。中间一列的球是他在三维空间中看到的样子。奇点是"咽喉"变得无限长和无限窄的时刻。第三行对应于奇点之前的空间切片。你可以看到壳仍然在宇航员的下方。壳和宇航员在坠向其命运的终结时都没有击中任何东西。更确切地说，奇点是空间在某一时刻的"收缩至无"。

的顺序是从上往下的。最初，壳非常大，密度也不是特别大，在原本的平直时空中几乎没留下痕迹。我们还引入了一位名叫"A"的宇航员，他决定跟随坍缩壳向内移动。宇航员看到了下方正在缩小的壳。第二行的图展示了稍后某个时刻的情况。壳变得更

黑洞

小，密度更大。当它的半径缩小到小于史瓦西半径时，黑洞就形成了。宇航员并未察觉到自己也穿过了视界，他没有注意到任何不寻常的事情。他仍然能看到下面的壳。最下面的图接近奇点的时刻：超致密的壳极大地扭曲了空间。即使A非常接近奇点，他仍然能看到下面的壳。从某种意义上说，壳堵住了本应存在于永恒史瓦西几何中的虫洞。奇点是空间变得无限拉伸和无限稀薄的时刻，在奇点处，宇航员和壳不再存在。

视界：震撼人心之美

总之，黑洞存在于我们的宇宙中，我们不得不面对它们带来的智力挑战。正如钱德拉塞卡所写的那样，"。这一发现源于对数学中美的探索，而且竟然在自然界中找到了它的精确摹本，这种震撼人心的美，这个令人难以置信的事实，促使我相信，美是人类心灵最深处、最深刻的回响。"然而，大自然实现这种美的方式乍一看令人深感失望，因为似乎真正的宝藏将永远对我们隐藏起来。黑洞有视界，而视界似乎确保了我们必然会对落入奇点的坍缩物质的细节永远视而不见。正是这种盲目导致了钱德拉塞卡所说的外部克尔解和史瓦西解的非凡的适用性。除了自旋和质量，每个黑洞都是一样的。黑洞没有毛发。一方面这是件美妙的事情，但另一方面这也是一个坏消息，因为这意味着我们无法通过观察奇点来了解更

　　　　　　　　　由恒星坍缩而成的真实黑洞

多。如果我们希望保持可预测性，宇宙监督是非常理想的选择，因为我们不知道奇点处的物理定律是什么。通过将奇点隐藏在视界之后，自然界似乎保护了生活在黑洞之外的物理学家，使他们免于对奇点的无知。但物理学家不想被保护。我们想知道，当已知定律失效，必须被理论物理学的圣杯——量子引力理论所取代时，会发生什么。到目前为止，还没有宇宙监督存在的证据，但如果有这样的监督，我们可能永远无法直接获得探索量子引力所需的线索。

直到最近，许多理论物理学家都仍是这么认为的。然而，在过去的几年里，人们已经意识到，量子引力的线索可能不仅仅存在于奇点附近，也可能存在于视界物理学。这一发现令人惊喜，因为长期以来人们一直认为，无论在黑洞视界附近发生什么，物理过程都应该与奇点的极端条件毫无关系，而在奇点处，我们认为量子引力效应很重要。毕竟，视界是太空中的一个地方，宇航员可以愉快地从那里坠落，而不会受到任何不良影响。现在看来，这一假设过于悲观。始于 20 世纪 70 年代的黑洞热力学研究，在当时是对视界附近量子力学效应的研究，它为揭示量子引力的奥秘打开了一扇完全出乎意料的窗户。现在我们将开始讲述黑洞热力学。

9.

黑洞热力学
● Black Hole Thermodynamics

黑洞没那么黑。●霍金

迄今为止，我们所了解的黑洞大体上是一种只顾自己的天体。物质可以落入黑洞，并导致其膨胀，但任何穿过黑洞视界的东西都无法逃脱。坠入黑洞的任何物质的一切痕迹似乎会被永远地从宇宙中抹去。这是根据广义相对论得出的对黑洞的描述。1972 年，惠勒和他的研究生雅各布·贝肯斯坦意识到，这引发了一个深刻的问题。惠勒讲述了某一天他是如何玩笑般地告诉贝肯斯坦，当他把一杯热茶放在一杯冰茶旁边，让它们达到相同的温度时，他总觉得自己像个罪犯。世界的能量没有改变，但宇宙的混乱无序会加剧，而且这宗罪行"将回荡到时间的尽头"。惠勒指的是热力学第二定律。大致上讲，该定律说的是，无论世界上发生任何变化，世界都会变得更加无序。"但是如果一个黑洞漂过，我再把热茶和冷茶一并扔进去，那么我所有的犯罪证据岂不是都永远消失了？"雅各布对这句话很在意，他走开去思考了这个问题，惠勒回忆道。

衡量无序程度的物理量被称为熵。用惠勒的话来说，"任何由数量最少的单元以最有序的方式排布而成的物体（比如单个的冷分子），其熵最小。而庞大、复杂、无序的东西（比如孩子的卧室）则具有较大的熵。"热力学第二定律用熵来表述，指出在任何物理过程中，熵总是增加的。惠勒担心的是，他把两杯茶放在一起，增加了宇宙的熵，然后把它们扔进黑洞，又减少了宇宙的熵。通常情况下，为了表达热力学第二定律的重要性，我们可以引用埃丁顿的一段富有诗意的话："我认为，熵增定律在自然法则中占据至高无上的地位。如果有人向你指出，你所钟爱的宇宙理论与麦克斯韦方程组不一致——那么麦克斯韦方程组就不太妙了。如果它被发现与观测相抵触——嗯，这些实验者们有时的确会把事情搞砸。但如果你的理论被发现违反了热力学第二定律，我无法给你任何希望；除了在最深的耻辱下崩溃外，别无他法。"

几个月后，贝肯斯坦带着答案回来了：黑洞并不会隐匿罪行。他的回答受到此前霍金言论的启发，即不管发生什么情况，黑洞视界的面积总是在增加。对贝肯斯坦来说，"黑洞视界的面积总是增加"的定律让他想到了"熵总是增加"的定律。因此，他大胆地宣称，将物体扔进黑洞会导致事件视界的面积增加，从而标志着熵的增加。换句话说，当某样事物坠入黑洞时，记录会被保存下来，也就遵守了热力学第二定律，这就避免了最深的耻辱。然而，回过头来看惠勒以分子和杂乱的卧室来描述的熵，给黑洞分配熵似乎是有问题的，贝肯斯坦和惠勒都很清楚这一点。根据广义相对论，黑洞是相当简单的天体：史瓦西黑洞可以用一个数字来描述，即它的质量。但惠勒在描述熵的时候用了这样一句话，"任何由数量最少的单元以最有序的方式排布而成的物体……其熵最小"。如果没有明显需要重新排布的单元，那么黑洞熵的意义又是什么呢？

熵的概念在 19 世纪被引入，它与更为人熟知的热、能量和温度等概念都是当时新兴的热力学的基本物理量。也许是因为热力学与工业革命的历史渊源，相较于黑洞，它被认为更接近于工程学，但事实显然并非如此。在深层次上，热力学与量子力学和物质结构相关。当应用于黑洞时，我们将看到热力学在深层次上是与量子引力和时空结构联系在一起的。在开始讨论黑洞热力学之前，让我们回到 19 世纪，回顾一下这门学科的起源，并介绍热、能量、温度和熵等重要概念。

冰箱的基本物理学

热力学的基础是由务实的人在实际工作中奠定的，比如索尔福德的啤酒酿造商詹姆斯·普雷斯科特·焦耳这类人，他们对制造更好的蒸汽机、发展更高效的工业流程以及啤酒酿造都有浓厚的兴趣。

19 世纪 40 年代初，焦耳做了一系列的实验，证明热和功是不同但可以相互转换的能量形式。图 9.1 阐释了他最著名的实验。一枚砝码受重力作用下落，带动桨叶搅拌水，导致水温升高。用热力学的术语来说，下落的砝码对水做功了。焦耳的技巧在于能够对升高的温度做出非常精确的测量。他证明了升高的温度与下落的砝码所做的功成正比。起初，他的发现并未引发热潮，因为这些发现与当时的思想相悖。当时的人们认为热是一种无形的流体（"热质"），从热的物体流向冷的物体。1844 年，焦耳向皇家学会提交了他的发现，但他的论文被拒绝了，部分原因是人们不相信他能够测量到其声称的 1/200 华氏度的温度升高。和现在一样，当时的皇家学会也没有多少啤酒酿造专家，而酿造啤酒的需求意味着焦耳可以使用能够达到所需精度的仪器。皇家学会前会长、诺贝尔奖得主

黑洞

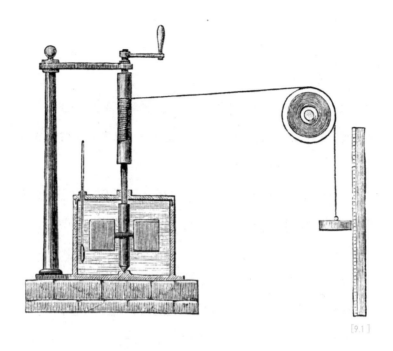

保罗·纳斯爵士是一个著名的例外，他因缺乏现代语言资格而未能
被大学录取，因此他卓越的职业生涯始于在啤酒厂担任技术员。后
来，保罗爵士因其对酵母的研究获得了 2001 年的诺贝尔奖。焦耳
并未气馁，到 19 世纪 50 年代中期，在与威廉·汤姆森（后来的开
尔文勋爵）富有成效的合作之后，他
的工作得到了广泛的认可。

　　焦耳的研究成果阐明了我们如今
所知的正确观念：热是一种与原子和

[9.1] 焦耳测量了受重力作用下落的
砝码带动桨叶旋转导致盛水容器温度的
升高。这个实验证明了机械功可以转换
为热能。

分子等物质的组成部分的运动有关的能量形式。当桨叶旋转时，它通过撞击水分子来向其传递动能。分子运动得更快了，呈现出来的就是我们所测量的水温的升高。当时，这个想法是激进的，因为并没有直接证据表明物质是由原子组成的，尽管焦耳受教于原子假说的主要支持者之一约翰·道尔顿。用雅各布·阿博特 1869 年描述焦耳实验时的话来说：

"由此可以推断，热存在于被认为组成万物的基本原子或分子的某种微妙的运动——波动、振动或旋转——中。然而，这仅仅是一种理论上的推断。"[26]

功、温度和物质可能的基本构成（原子）的运动，这三者之间的联系表明热力学与构成世界的隐秘的基本单位的特性有关，无论这些基本单位是什么。顺便说一句，爱因斯坦 1905 年关于布朗运动的论文（以及他 1908 年的后续论文）是解决原子理论争议的论文之一。该论文解释了悬浮在水中的花粉颗粒在受到水分子轰击的假设前提下的无规则运动。爱因斯坦的预测在 1908 年被让·巴蒂斯特·佩兰的实验所证实，后者因其在"物质的不连续结构"方面的研究获得了 1926 年的诺贝尔奖。

焦耳的实验结果，除了为原子的存在提供了证据之外，也被概括为我们今天所说的热力学第一定律。该定律表达了能量守恒的基本思想：系统的总能量可以通过供热、吸热或做功来改变。而且，只要总能量守恒，一定量的功可以转化为等量的热，反之亦然。这就是蒸汽机的理论基础。利用煤炭燃烧释放出来的能量推动轮子旋转。然而，这并不是蒸汽机所需的全部，因为还有另外一个重要的因素——蒸汽机所处的环境。至关重要的是，蒸汽机周围的环境必须比锅炉冷，否则蒸汽机就无法工作。这是为什么呢？

答案是，能量总是从热的物体向冷的物体传递，反之则不行。这与能量守恒无关。如果从一杯冷茶中取出能量，使其变冷，然后将这些能量传递到一杯热茶中，使其变热，那么能量仍然是守恒的。但这并不会在自然界中发生。为了解释这种单向的能量传递，需要另一条自然法则，即热力学第二定律。用一种简单的方式来表述第二定律，即热总是由热向冷流动。用这样的措辞来描述的话，蒸汽机是一种介于炽热的锅炉和寒冷的外部世界之间的装置。当能量自发地从热流向冷时，蒸汽机会提取一部分能量，并将其转化为有用的功。乍一看并没有什么深刻的意义，但事实证明，第二定律的这个几乎不言而喻的陈述抓住了一个更深层次的思想的本质。在彼得·阿特金斯的《热力学定律》一书中，他以下面这句引人注目的话开始了关于第二定律的章节："当我给化学本科生讲授热力学的时候，我常常一开始就会说，在解放人类精神这方面，没有任何科学定律比热力学第二定律的贡献更大。"他继续道，"第二定律在整个科学以及我们对宇宙的理性认识中是至关重要的，因为它为

　　　　　　　　黑洞热力学

理解一切变化发生的原因提供了基础。因此，它不仅是理解发动机运转和化学反应发生的原因的基础，也是理解那些最精妙的化学反应的结果以及提升我们文化修养的文学、艺术和音乐创造力等行为的基础。"[27]

德国物理学家鲁道夫·克劳修斯于 1865 年提出了熵的概念。用他的话来说："宇宙的能量是恒定的。世界的熵趋于最大值。"[I]这是对热力学第一和第二定律的优美简洁的表述。让我们来看看惠勒的茶杯情况如何。根据第一定律，能量总是守恒的。只要从一个茶杯中取出的能量等于在另一个茶杯中存入的能量，无论能量的流动方向怎样，都没有问题。克劳修斯对熵的定义是，在冷茶中加入热能所增加的熵大于从热茶中移除等量的能量所减少的熵。[II]因此，如果热从热向冷流动，两个茶杯的熵之和将增加，反之则不然。

能量可以从一个较冷的物体流向一个较热的物体，前提是要在其他地方向另一个较冷的物体输入足够的能量，使所有物体的总熵增加。这就是冰箱的工作原理。热从冰箱的内部排出，降低了它的熵。因此，你的厨房的熵必须增加得更多，才能满足第二定律。这就是你的冰箱的背部会比厨房更热的原因。以下是它的工作原理。

||||||||||||||||||||||||||||||||||||||||||||

I. 摘自克劳修斯 1865 年的杰出论文《力学的热理论的主要方程的各种易用形式》。

II. 具体来说，熵的变化是 $dS = dQ/T$，其中 dQ 是传递给茶杯的热量，T 是其温度。

冷却剂在冰箱内外循环。它在离开内部时被压缩，因此升温，然后环绕着冰箱背部的元件流动，这个元件比你的厨房热，所以能将热传递到室内。然后冷却剂回到冰箱内部。当它回来时，会膨胀并冷却到低于冰箱内部的温度。由于比内部更冷，它现在会从内部吸收热量。然后，它再次通过压缩机，重复整个循环。这个过程的净效应是将能量从冰箱内部转移到外部——从冷到热——但以驱动压缩机所需的能量为代价，这就是为什么你的冰箱如果不插电就无法工作。

驱动压缩机的能量来自发电站，这可能是一台蒸汽机——处于寒冷环境中的炽热锅炉。发电站可能以煤或天然气为燃料，而这些燃料源于植物，它们储存了来自太阳的能量，而太阳是寒冷天空中的热点。恒星是宇宙中的锅炉，也就是终极的蒸汽机。在能量流动的每个阶段，从闪耀的恒星流向你傍晚享用的金汤力鸡尾酒中的冰块的形成，宇宙的总熵随着能量从热到冷的流动而增加，或许，清凉的金汤力会激发"文学、艺术和音乐方面的创造力，从而提升我们的文化"。

恒星形成于早期宇宙中氢和氦组成的原始气体云的引力坍缩，而由于某种我们无法理解的原因，早期宇宙的熵非常之低。宇宙这种特殊的初始状态的起源——低熵的储存器，没有它，就没有我们的存在——是现代物理学中最大的谜团之一。

对于 19 世纪的蒸汽机设计师们来说,熵的概念非常有用,这使他们能够理解,蒸汽机的效率取决于锅炉和环境之间的温度差。如果没有温差,就无法传递净能量,也就不能做功。温差越大,做的功就越多,因为更多的能量可以流动,而不违反第二定律。但在焦耳和克劳修斯以及其他许多人所共同建立的、现在被称为经典热力学的简洁优美的逻辑大厦中,却从未明确熵的本质,它在这里只是一个非常有用的物理量。

熵是什么?

当惠勒把他的热茶杯和冷茶杯碰到一起的时候,他担心增加了宇宙的无序程度。麦克斯韦发现了熵和无序之间的联系,他在电磁理论方面的工作在某种程度上引导爱因斯坦提出了狭义相对论。麦克斯韦意识到,第二定律与 19 世纪的物理学家所知的其他自然定律不同,因为它本质上是统计性的。他在 1870 年写道:"热力学第二定律的正确性和下面这句话是一样的,如果你把一杯水倒进大海里,就不可能再把同样的一杯水从海里舀出来。"[28]

1877 年,路德维希·玻尔兹曼的一个绝妙的新见解巩固了这个观点。玻尔兹曼认为熵是对无知程度的一种度量,尤其是对于我们对系统组成部分的确切状态的无知。以麦克斯韦的那杯水为例,在将其倒进大海之前,我们知道所有的水分子都在杯子里。而这之后，我们对它们的位置知之甚少，系统的熵增加了。这个想法有很强的普适性——那些无规则运动的事物，如果放任不管，就会趋于混合和分散，我们的无知会随之增加。

玻尔兹曼的见解将克劳修斯基于温度和能量对熵的定义与系统内部组成的排布联系了起来。由此产生的方法论是一种被称为统计力学的物理学分支，它将物质视为由我们所知有限的组成部分构成。无论从技术角度还是哲学角度来看，这都是一个具有挑战性的学科。戴维·古德斯坦在他的教科书《物质的状态》的开篇写道："玻尔兹曼一生中的大部分时间都在研究统计力学，他于1906年自杀身亡。保罗·埃伦费斯特继续他的工作，于1933年同样自杀身亡。现在轮到我们来学习统计力学了。"[29]

要理解熵、温度和系统组成部分的排布这三者之间的联系，有一个很好的方法。考虑一个特别简单的物理系统——一个盒子里的一堆原子。原子的特性属于量子理论的范畴，我们将在后面对此进行更详细的探讨。现在，我们只需要有一个概念；被封在盒子里的原子只能具有某些特定的能量。我们说系统具有一组离散的"能级"。这就是量子力学名称的由来，"量子化"的意思就是"离散"，比如一组离散的能量。原子可能具有的最低能量被称为基态。如果所有的原子都处于基态，盒子里的温度就是绝对零度（即0开尔文，约等于-273.15摄氏度）。如果增加能量，一些原子将移动到更

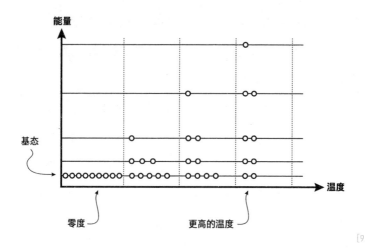

能量

基态

零度   更高的温度

温度

[9.2]

高的能级。决定原子在可能能级之间分布的参数就是温度。温度越高，原子所能攀爬的能级阶梯就越高（如图 9.2 所示）。要改变原子的构型，需要向盒子中转移多少能量，具体取决于原子的种类和盒子的大小，但关键的一点是，存在一个单一的量——温度——它告诉我们原子在允许的能级上最有可能的排布方式。

现在让我们想象一下，将另一个装有不同原子的盒子与我们原来的盒子接触。能级的细节将会有所不同，但重要的是，如果两个盒子的温度相同，那么盒子之间就不会有净能量传递，内部的构型也不会以一种可辨识的方式发生变化。这就是 19 世纪温度概念的含义。换句

[9.2] 盒子中一堆原子占据能级的情况。零度时（左侧），所有原子都处于最低能级（基态）。随着温度的升高（从左到右），原子逐渐占据更高能级。

194   黑洞

话说，如果我们将两个系统放在一起，使能量可以交换，但总体上什么也没发生，那么这两个系统的温度就是相同的。这被称为热力学第零定律，因为它是后来才加上去的。第零定律一直是经典热力学逻辑结构的重要组成部分，因为它是固定温度概念所必需的，但直到 20 世纪初才被列为定律，那时每个人都已经习惯于谈论热力学的第一和第二定律，他们不想改变这个习惯，所以将其称为第零定律。

　　费曼在他的著作《物理定律的性质》中提出了一个关于温度的绝妙类比。想象一下，你坐在海滩上，乌云从海洋上飘来，开始下雨。你抓起毛巾，赶紧跑进海滩小屋。毛巾是湿的，但没有你那么湿，所以你可以开始用毛巾擦干身体。你的身体越来越干，直到每条毛巾都和你一样湿，这时就没有办法再去除更多的水分了。你可以通过发明一个叫作"去除水分的容易程度"的量来解释这一点，并且假定你和毛巾的这个量的数值是一样的。这并不意味着每样东西含有等量的水分。一块大毛巾会比一块小毛巾含有更多的水，但由于它们都有相同的"去除水分的容易程度"，它们之间就不可能有水分的净传递。一个物体拥有特定的"去除水分的容易程度"的原因是复杂的，与其内部的原子结构有关，但如果我们只关心如何变干，就不需要知道这些细节。类比一下热力学，水分的量代表能量，而"去除水分的容易程度"代表温度。当我们说两个物

195　　　　　　　　　　　　　　　　　　　　黑洞热力学

体的温度相同时，并不是说它们的能量相同。我们的意思是，如果让它们接触，它们的原子或分子将会无规则运动、碰撞，就像焦耳的桨与水中的分子碰撞并向它们传递能量一样，但如果物体处于相同的温度，能量的净传递将是零，一般而言什么都不会改变。

现在回想一下惠勒对熵的描述："任何由数量最少的单位以最有序的方式排列而成的事物……熵最小。""有序"是什么意思呢？想象我们决定从盒子中随机选择一个原子，并问道：这个原子来自哪个能级？在绝对零度下，我们知道答案是基态。在这种情况下，熵是零。^Ⅲ这就是惠勒所说的"单位"以有序方式排布。当我们从盒子中取出一个原子时，会确切地知道自己会得到什么。此时我们一点也不无知。如果我们将温度升高，原子将分布在所有可用的能级之间，如果我们现在随机选择一个原子，就无法确定它来自哪个能级。这个原子可能来自基态，也可能来自更高的能级。这意味着，由于温度的升高，我们的无知增加了。同样，熵也更大，并且随着温度的升高而继续增加，因为原子在允许的能级之间变得更加分散。

温度、能量和熵变是经典热力学中出现的量，而不需要对所研究的"事物"的基本结构有任何了解（所谓的"事物"可以是任

||||||||||||||||||||||||||||||||||||||||||||

Ⅲ．专业注释。如果基态非简并，即没有多个具有相同能量的基态，那么在绝对零度下，系统的熵为零。固态一氧化碳和冰是两种具有简并基态的固体，因此它们在绝对零度下仍然有"残余熵"，因为对于随机选择的分子来说，它来自哪个态仍然存在不确定性。

何东西，小到一盒气体，大到一个星系）。多亏了玻尔兹曼，我们现在明白这些量与事物的组成部分、这些组成部分的排布方式以及它们如何分享总能量之间有密切的关系。例如，温度告诉我们一盒气体中分子的平均运动速度。同样，熵告诉我们事物可能的内部构型数量。玻尔兹曼的墓碑上刻有他描述系统熵的著名方程，明确地表明了熵与事物组成部分的关系：

$$S = k_B \log W$$

在这个方程中，W是可能的内部构型数量，而熵（用S表示）与W的对数成正比。因此，W越大意味着熵越大。对于接下来的内容来说，对数和玻尔兹曼常数k_B并不重要，除了要注意它们使我们能够对熵进行精确计算，得到的值与克劳修斯用能量和温度定义的熵相一致。重要的是，W是系统组成部分可能排列方式的总数，这些方式与我们对系统的了解一致。对于盒子中的原子，如果温度为绝对零度，原子的排布方式只有一种，因此$W = 1$，熵为零。[IV]如果温度升高，一些原子跃迁到更高的能级，那么可能的排布方式就更多，因此W更大，熵也更大。

||||||||||||||||||||||||||||||||||||||||||||||||||||||||

IV．$\log 1 = 0$。我们使用"$\log W$"表示 W 的自然对数。

对于一个房间中的气体，其组成部分是原子或分子，而我们所知道的关于系统的信息可能是房间的体积、房间内气体的总重量和温度。计算熵就是根据我们所知道的来计算原子在房间内可能的排布方式。一种可能的排布方式是除了一个原子外，所有原子都静止在房间的一个角落，而一个孤立的原子携带几乎所有的能量。或者所有原子将能量均分，并均匀地分布在房间中。关键是，相较于让所有原子聚集在一个角落或能量分布非常不均匀的排布方式，让原子均匀地分布在房间中并在它们之间合理地均分能量的排布方式要多得多。玻尔兹曼理解到，如果允许房间内的能量在原子之间传递，因为原子之间会发生碰撞，那么所有不同的排布方式出现的概率几乎相等。鉴于这一洞察力以及原子均匀分布的排布方式的数量优势，我们可以得出结论：如果我们在一个"典型"的房间里，那么很可能会发现原子以大致均匀的方式分布。当一切都稳定下来，事物均匀分布时，我们说系统处于热力学平衡状态。此时熵达到最大值，房间的每个区域都处于相同的温度。

这就是为什么第二定律体现了变化的概念。如果我们从一个远离平衡的系统开始，也就是说，其组成部分的分布方式是不寻常的，那么只要组成部分能够相互作用并分享它们的能量，系统就会不可避免地朝着平衡状态发展，因为这是最有可能发生的事情。我们现在可以理解为什么麦克斯韦关于第二定律具有统计要素的观察是如此有见地。第二定律最终涉及的是更有可能或者更不可能发生的事情，系统更有可能朝着热力学平衡状态发展，是因为有更多的方式使其处于热力学平衡状态。

系统的这种"单向"演化通常被称为热力学时间箭头，因为它在过去和未来之间划定了鲜明的界限：过去比未来更有序。在整个宇宙中，时间箭头可以追溯到大爆炸时期神秘的高度有序的低熵状态。

熵和信息

假设我们知道房间中每个原子的精确细节，并选择用这些术语来思考，而不是用体积、气体重量和温度来思考，那么熵将是零，因为我们准确地知道了构型。这意味着全知的存在不需要熵。然而，对于普通人和物理学家来说，房间和其他大物体中大量的原子使得追踪它们的个体运动变得不可能，因此熵是一个非常有用的概念。当我们只用几个数字描述一个系统时，熵会告诉我们隐藏的信息。从这个角度看，熵是我们缺乏知识、我们无知的度量。熵和信息之间的联系在 1948 年由克劳德·香农（Claude Shannon）明确提出，这是现在所称的信息理论的基础之一，对现代计算和通信技术至关重要。

回到我们充满气体的房间，有许多可能的原子构型与我们对体积、重量和温度的测量结果是一致的。根据玻尔兹曼的说法，这

199

个数量的对数就是熵。但重要的是，原子实际上在某一时刻处于特定的构型中。只是我们不知道它是什么。假设我们进行了测量，并准确地测定了构型。我们学到了什么？更具体地说，我们获得了多少信息？根据香农的理论，获得的信息量被定义为区分测量的构型与所有其他可能构型所需的最小二进制位数（比特数）。例如，假设只有四种可能的构型。在二进制代码中，我们将这些构型标记为 00、01、10 和 11。这意味着当我们进行测量时，获得了两个比特的信息。如果有八种可能的构型，我们将它们标记为 000、001、010、011、100、101、110 和 111。这就是三个比特。以此类推。如果有一百万种可能的构型，我们并不需要大量时间就能知道所有的组合，因为有一个简单的公式告诉我们需要多少比特。如果构型的数量是 W，那么比特的数量就是：

$$N = \log_2 W$$

这与玻尔兹曼描述气体盒子的熵所用的公式非常相似。如果您懂一点数学，就会注意到这里的底数是 2，而不是玻尔兹曼公式中的自然对数，但这只是整体引入了一个数值因子。[v] 关键是，我

||||||||||||||||||||||||||||||||||||||||||||||||||

V. $\log 2 = 1.4427$。

们测量气体精确状态所获得的信息与测量前气体的熵成正比。具体来说就是：

$$N = \frac{S}{1.4427k_B}$$

这是理解熵的基本重要性的关键。熵告诉我们关于事物内部结构的信息——它与事物可以存储的信息量密切相关，因此与世界的基本组成部分密切相关。它是一扇窥视茶杯、蒸汽机和恒星的基本结构的窗口。而且，如果我们遵循贝肯斯坦的观点，将黑洞的事件视界与熵相关联，它也是窥视空间和时间基本结构的窗口。

黑洞的熵

目前的问题在于，到目前为止，我们描述的黑洞没有组成部分。它们是纯粹的时空几何，相当单调。因此，表面上看，黑洞的熵似乎为零。将几杯茶倒入黑洞，它的质量会增加，但仅此而已，它的熵仍然应该为零。这是惠勒的观点。为了挽救第二定律，贝肯斯坦秉持爱丁顿的精神，猜测黑洞必然具有熵，而且熵与视界的面积成正比。但贝肯斯坦所做的不仅仅是猜测。在一次巧妙的简易估算中，他还估算了黑洞的熵的数值，并发现了一些非常深刻的东西。

假设我们想要向黑洞中投入一个比特的信息。我们如何实现这一点？答案是将一个光子投入黑洞。光子是无质量的粒子，一个光子可以存储一位信息。我们可以想象光子顺时针旋转（0）或逆时针旋转（1），这意味着它可以表示一比特。每个光子还携带与其波长成反比的固定能量。这种能量和波长之间的关系最早是由爱因斯坦在 1905 年提出的，这是量子理论的一个关键特征。长波光子的能量较小，而短波光子的能量较高。这就是为什么来自太阳的紫外线可能会有危险，而烛光不会：紫外线光子的波长较短，携带的能量足以损伤你的细胞，而烛光光子的波长较长，携带的能量不足以造成损害。作为一个一般规则，光子的位置不能被分辨到比其波长更小的距离。这意味着我们更愿意将一个波长大致等于或小于史瓦西半径的光子投入黑洞，因为波长更长的光子通常会存在于洞外。现在我们可以计算黑洞中可以容纳的这种光子的最大数量。这应该可以对黑洞能够存储的最大比特数（也就是熵）做出粗略的估计。[VI] 我们在扩展阅读 9.1 中进行了计算。史瓦西黑洞中隐藏的比特数是：

$$N = \frac{c^3}{8\pi Gh} A$$

||||||||||||||||||||||||||||||||||||||||||||||||||||||

VI． 我们很快会解释为什么黑洞具有最大可能的熵。

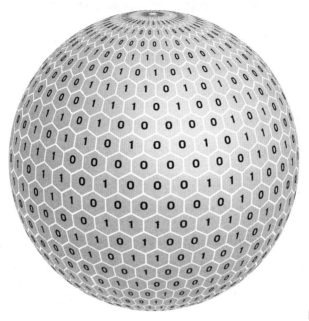

[9.3]

其中A是事件视界的面积。[VII] 这个方程式非常有趣的一个地方是视界面积A前面的一组数字。光速c、牛顿引力常数G和普朗克常数h（量子理论的核心）的这个组合，对物理学家来说是非常熟悉的。它是所谓的普朗克长度的平方。我们会在扩展阅读 9.2 中更详细地描述普朗克长度的重要性。简而言之，它是我们宇宙中的基本

||||||||||||||||||||||||||||||||||||||||||||||||

VII． 一个更仔细的计算，正确考虑了量子物理学，得出的熵等于视界面积除以（4 x 普朗克长度的平方），这与我们的估计差了一个数值因子。

[9.3] 黑洞的视界，用普朗克面积大小的虚拟单元格铺设。值得注意的是，单元格的总数等于黑洞的熵。

长度尺度，也是我们可以称之为距离的最小距离。这个建议是，黑洞的熵，也就是它所隐藏的信息比特数，可以通过在事件视界铺设普朗克长度尺寸的像素并假设黑洞在每个像素中储存一个比特来求得。这在图 9.3 中有所说明。

这是一个难以言喻又非同寻常的结果。这些普朗克像素的本质是什么？按照广义相对论的说法，视界只是空无一物，为什么它们能铺设在视界上？回想一下，根据等效原理，自由下落穿过视界的宇航员应该不会经历任何异常情况。然而，贝肯斯坦的结果表明他们会遇到一堆密集的比特。此外，为什么黑洞的信息容量应该与其视界的面积成正比，而不是与其体积成正比？一个图书馆可以存储多少信息？显然，答案取决于其内部可以容纳的书的数量。然而，对于一个黑洞图书馆来说，似乎我们只能用书的页面铺设外墙，就好像其内部不存在一样。

人们可能会想，从信息存储的角度来看，黑洞是否错过了某个机会，但一个简单的论证表明，给定质量的黑洞具有该质量下最大可能信息存储量（熵）。想象一下，将一个物体投入史瓦西黑洞。为了遵守第二定律，黑洞增加的熵必须大于等于它所吞噬的物体的熵。黑洞视界的面积也会随之增加，但增加的面积仅取决于物体的质量，因为视界的面积仅与黑洞的质量成正比。现在假设将一个具有相同质量的超高熵物体投入黑洞。视界的面积将增加与之前完全相同的量，仅与物体的质量成正比。这意味着随着我们向黑洞添加质量，它必须以最大可能的量增加其熵。就好像扔进去的物体被完全打乱，以确保我们的无知最大化。

因此，黑洞具有最大可能的熵。它可以在给定空间区域内存储最大可能的信息量，而以比特为单位的信息量由该区域的表面积以普朗克单位的形式给出。这暗示了一些深藏的东西；存在于一定空间中的一切事物都可以完全由包围该区域的表面上的信息来描述。这是我们与全息原理的第一次接触。

▧ 扩展阅读 9.1　　黑洞熵

粗略地说，只有波长（由远处的观察者测量）小于史瓦西半径的光子才能进入黑洞。根据量子物理学，光子的能量为 $E = hc/\lambda$，其中 λ 是波长，h 是普朗克常数。因此，最小可能的光子能量 $E = hc/R$，其中 R 是史瓦西半径。根据著名的爱因斯坦关系式，质量为 M 的黑洞的总能量为 Mc^2。黑洞可以容纳的最大光子数为：

$$N = \frac{Mc^2}{hc/R} = \frac{McR}{h}$$

由于史瓦西半径 $R = 2GM/c^2$，这意味着我们可以写成：

$$N = \frac{R^2 c^3}{2Gh}$$

视界面积 $A = 4\pi R^2$，因此：

$$N = \frac{c^3}{8\pi Gh} A$$

也许你还想知道是否可以使用其他类型的粒子（例如电子也有自旋，可以用来编码比特）来存储更多的信息。与光子不同，其他粒子携带质量，这意味着能进入黑洞的粒子数会更少。

⧗⧗⧗ 扩展阅读 9.2　　普朗克长度

普朗克长度是三个基本物理常数（普朗克常数、牛顿引力常数和光速）的组合。普朗克长度非常微小。质子的直径是 100,000,000,000,000,000,000 个普朗克长度。马克斯·普朗克于 1899 年首次引入了这个以他的名字命名的单位，作为一种仅依赖于基本物理常数的测量系统。这比使用米或秒等单位更可取，后者反映了历史的变迁，更多地与人类的体型和地球的轨道有关，而不是与自然界的基本规律有关。然而，引力的强度、原子的特性和宇宙的速度极限是独立于人类之外的存在。如果我们遇到外星文明，让他们用普朗克单位告诉我们 M87 黑洞视界的面积，他们得到的数字将与我们的相同。普朗克长度的公式如下：

$$l_{\mathrm{p}} = \sqrt{\frac{hG}{2\pi c^3}} \approx 10^{-35}\ (\text{米})$$

一般认为，普朗克长度是有意义的最小距离：小于这个值，连续空间的概念可能会不复存在。

历史总在重演

　　贝肯斯坦提出黑洞熵的过程与 19 世纪统计力学的发展存在着相似之处。玻尔兹曼于 1906 年去世，享年 62 岁，他关于第二定律的原子解释当时仍未被普遍接受。以极具影响力的奥地利物理学家恩斯特·马赫为首，许多科学家仍然怀疑原子的存在。马赫的反对最初是出于哲学上的原因，但逐渐形成一种势头，部分原因是玻尔兹曼的工作导致了连他自己也难以消除的混乱。争论的焦点集中在第二定律的统计性质上。根据玻尔兹曼的观点，如果物质由不断运动的原子组成，那么熵增是极有可能的，但不是绝对的。例如，有一个几乎可以忽略不计的概率，即房间中的所有原子最终都聚集在一个角落里。马赫及其追随者则认为，自然界的一个基本定律不应该是统计性的。"熵几乎总是增加"听起来不够权威，特别是因为克劳修斯对第二定律的表述并没有"几乎"这样的词。今天我们知道玻尔兹曼是对的——第二定律确实包含概率成分。

　　目前，类似的争论集中在黑洞热力学特性的物理意义上。如果我们接受黑洞熵标志着某种"运动的组成部分"的存在这一观点，那么令人惊讶的是，广义相对论的基础是统计理论，就像经典热力学以统计力学为基础一样。这意味着我们应该将时空视为一种近似，一种对世界的平均化描述，类似于用温度、体积和重量来描述一盒气体。在 1902 年，统计力学的先驱乔西亚·威拉德·吉布斯写道："热力学定律……表达了由大量粒子组成的系统的近似和概率特性，更准确地说，它们表达了这些系统的力学定律，因为这些系统对于那些感知力不够敏锐、无法理解与单个粒子相关的数量级的存在来说似乎是这样的……"难道说，在 21 世纪的前几十年，我们发现自己也处于类似的境地，是一种感知力不够敏锐，无法理解空间和时间的基本结构的存在吗？

然而，当贝肯斯坦提出黑洞具有熵的时候，也有美中不足之处。如我们所见，熵和温度是密切相关的，而将热力学的熵分配给黑洞，需要后者具有温度。但是，要使物体具有温度，它既要能吸收也要能发射物质。毕竟，温度可以根据物体之间的净能量传递来定义——即费曼的类比中"去除水分的容易程度"。如果无法从黑洞中提取任何东西，那么温度必然为零。而且，正如 1972 年时所有人都知道的，也是广义相对论所明确的那样，没有任何东西能够逃离黑洞。

然后，到了 1974 年，霍金发表了一篇题为《黑洞会爆炸吗？》的简短论文，一切都改变了。

10.

霍金辐射
● Hawking Radiation

巴丁、卡特和我都曾认为，热力学上的相似性只是一种类比。然而，目前的结果似乎表明，事情远没有那么简单。●霍金 [31]

> 霍金的论文引发了理论物理学的一场革命，这场革命至今仍在持续。他发现，量子理论预测黑洞会发出辐射，就好像黑洞是一个具有温度的普通物体。目前的看法是，万有引力定律应该被视为一个统计定律，量子效

应导致了空间几何的基本随机性。今天，我们依然不知道这种随机性对应的是什么，它仍是理论物理学界的圣杯。但自 1974 年以来，

我们已经走过了很长的路。本书的剩余部分讲述的是理解黑洞热力学深层起源的探索历程，这一探索让我们离新的时空理论更近了一步。

黑洞力学定律

1973 年，巴丁、卡特和霍金发表了一篇题为《黑洞力学四定律》的论文。在该论文中，他们将经典热力学定律和黑洞的性质作了如下类比：[32]

	热力学	黑洞力学
第零定律	温度（T）是常数	表面引力（k）是常数
第一定律	$dE = TdS$	$dE = \dfrac{k}{2\pi}\dfrac{dA}{4}$
第二定律	熵（S）永不减少	视界面积（A）永不减少
第三定律	T不能降到绝对零度	k不能降低到 0

即使你不理解这些符号，也能看出它们惊人的相似性。通过将"温度（T）"与"表面引力（k）"（除以 2π），以及"熵（S）"与"面积（A）"（除以 4）进行交换，你就可以由其中一组定律得到另一组定律。

让我们先来看看第零定律。正如我们在上一章中所看到的，它正式确定了温度的概念。对于一个系统，比如一盒气体，如果一切都已经稳定下来，没有任何变化，那么它就处于平衡态。这意味着系统的所有部分都具有相同的温度。对于黑洞来说，对应的量则是表面引力k。例如，当黑洞吞噬了一颗行星后稳定下来，那么在其事件视界上，k的值在任何地方都是相同的。表面引力告诉我们一件事，在紧挨着视界的上方抵抗引力有多么困难。想象一个颇具超现实主义色彩的情形，一名宇航员决定携带一根钓鱼竿，在黑洞附近进行太空行走。在钓鱼线的末端是一条质量为M的鳟鱼。宇航员把鳟鱼放低，直到它刚好悬在视界上，然后测量钓鱼线上的张力。张力将是kM，k是黑洞的表面引力。[I]也许显而易见的是，对于一个完美球对称的（史瓦西）黑洞，当人们在视界上四处移动时，表面引力不应该发生变化。对于旋转的（克尔）黑洞来说，这一点根本不明显。巴丁、卡特和霍金的论文中提供了证明。

第一定律体现了能量守恒。它表明，对于给定温度（T）下的系统，如果我们为其增加能量（dE），那么系统的熵（dS）就会增加。对应的黑洞力学定律则表明，如果我们向表面引力为k的黑洞投入一定量的能量（dE），那么其视界的表面积也将增加（dA）。如果我们想要将表面引力和温度联系起来，那么我们也可能想要把表面积和熵联系起来，正如雅各布·贝肯斯坦提出的那样[II]。第二定

‖‖‖

I. 表面引力与黑洞的质量成反比。

II. 1972 年，贝肯斯坦提出，黑洞的熵就是它的表面积除以普朗克常数平方再乘以一个无量纲数。或者说，越大的黑洞熵越多，和表面积完全成正比。

律让这个诱人的想法更加强烈。对于黑洞来说，第二定律是对霍金发现的事件视界的面积总是增加的陈述。面积这一纯粹的几何概念和系统的信息量之间这种明显的联系非常出乎意料。

第三定律也很有意思。在经典热力学中，它表明不可能通过有限的步骤将物体冷却到绝对零度。要理解该定律，我们可以再想想冰箱。随着冰箱内部的温度越来越接近零度，冰箱的效率也会越来越接近零。这是因为从温度极低的物体中转移能量涉及巨大的熵变，必须通过向环境释放相应巨大的能量来加以补偿。最终，冰箱必须做无穷多的功，才能将最后的一点能量从内部传递到外部，并将内部冷却到绝对零度。对于史瓦西黑洞，我们可以通过使其质量无限大来使表面引力趋近于零，这显然需要无限多的能量。对于克尔黑洞，情况则有所不同。如果物质在旋转，可以通过将物质投入黑洞来减小表面引力。乍一看，这似乎可以用来规避第三定律，将表面引力降至零，但事实并非如此。值得注意的是，随着表面引力变小，将物质投入黑洞也变得愈加困难。物质要么没能进入黑洞，要么被其排斥。

巴丁、卡特和霍金在他们 1973 年的讨论中得出了以下结论："可以看出，k 类似于温度，就像 A 类似于熵一样。然而，应该强调的是，k 和 A 不同于黑洞的温度和熵。事实上，黑洞的有效温度是绝对零度。"

几个月后，霍金在其 1974 年的论文中否定了自己的观点，这种自我否定的能力也是科学家最重要的能力之一："……似乎任何黑洞都会以与预期相同的速率产生和发射粒子，比如中微子和光子，就像黑洞是具有温度的物体一样……"1975 年，他发表了一篇更详细的论文《黑洞的粒子产生》，仔细推导出关于黑洞温度的如下方程：[14、33]

$$T = \frac{k}{2\pi}$$

即黑洞的温度等于其表面引力除以 2π。霍金现在意识到，热力学定律和黑洞力学定律之间的相似性不仅仅是一种类比。相反，它似乎是一个确切的对应关系，黑洞是热力学物体。正如霍金所写的，"如果人们接受黑洞确实以稳定的速率发射粒子，那么 $k/2\pi$ 与温度的联系和 $A/4$ 与熵的联系就建立起来了，一个推广的第二定律也得到了确认。"

霍金关于黑洞发射粒子的发现具有深远的意义，其中一个原因是它暗示了引力定律的统计学起源。这在 20 世纪 70 年代初的理论物理界引起了轰动。就像一盒气体的温度和熵的概念是源自一个隐秘的微观世界，这个世界由许多不停振动和重构的微小物体组成，引力定律似乎也是如此。但是，一个任何事物都无法从中逃脱的物体怎么可能像一块燃烧的煤一样发光呢？要理解霍金的发现，我们需要求助于量子理论和虚无物理学。

霍金辐射

我们还没有接触到量子理论的任何细节，因为我们一直在讨论广义相对论，这是一个经典理论。经典理论所描述的现实与我们对世界的直观想象非常吻合。宇宙由粒子、场和力组成。在任何时刻，宇宙都只有一种组态，当事物在时空的舞台上相互作用时，该组态会以一种可预测的方式演变为新的组态。广义相对论告诉我们时空如何作用于粒子和场，以及粒子和场如何作用于时空。

量子力学则不同。它描述了一个充斥着概率和多重可能性的世界。例如，当一个粒子从A点移动到B点时，量子力学告诉我们，如果我们要做出与实验观测相符的预测，就必须考虑所有可能的路径。在经典物理学中，粒子沿着单一路径运动，但在量子物理学中却不是这样。

经典理论和量子理论之间的一个主要区别在于，在描述自然时会不可避免地出现概率。著名的海森伯不确定性原理概括了这一点，它指出我们无法同时知道一个粒子的精确位置和动量。如果我们知道了一个粒子的精确位置，那么我们就无法知道它的精确运动速度。其结果是，即使我们对一个粒子的当前状态了如指掌，我们也无法准确地预测它未来的位置。更确切地说，该理论给出了一个未来可能位置的概率清单。这不是因为我们缺乏知识或技能，而是自然的规律。然而，非常重要的是，我们仍然可以预测所谓的粒子的量子态如何随时间变化。对量子态的精确掌握为我们提供了在空间的某个区域内找到粒子的概率清单，我们可以准确地预测这个概率清单如何随时间变化，尽管我们永远无法确定粒子将会出现在哪里。因此，我们不能精确地知道电子在某个时刻会在哪里，也无法精确地知道电磁场在空间的某个区域会携带多少能量。我们只能知道一个粒子在某处（动量和位置构成的参数空间中的某一个点）的概率，或者一个场处于某种特定组态的概率。正是这种粒子和场的组态中固有的不确定性最终导致了霍金辐射。

我们应该强调的是，就我们所知，自然界的一切都要遵循量子力学。量子理论与广义相对论一样神圣，不仅支撑着我们对原子和分子以及化学和核物理的理解，还支撑着现代电子学。例如，在现代电子设备中大量使用的半导体晶体管本质上就是一种量子力学器件。我们生活在一个量子宇宙之中。

量子真空

有些词在日常用语中的意义与其在物理学中的含义完全不同。真空就是其中之一。导致霍金辐射的量子宇宙的一个重要特征是真空不空。人们自然而然地就把真空想象成没有任何粒子和场存在的空无一物的情形，但这是不正确的。真空不可能是空的，因为"空"是关于能量和场的组态的精确描述，而量子理论不允许这样。因此，真空是一个具有复杂结构的活跃场所。我们无法隔离出一块空间并把其中的所有粒子抽空，使其变得完全空无一物。粗略地讲，真空之于人类就好比水之于鱼：它是我们日常生活中始终存在的背景。粒子可以被视为真空的激发——真空之海中的涟漪——而量子理论描述了一个总是波涛起伏的海洋。

一种描述量子真空的方式是想象粒子不断地出现，然后又在瞬息之间消失。这些幽灵——瞬时闪现的粒子——被称为真空涨落或"虚"粒子。如果我们能以某种方式冻结时间，用高分辨率的视觉深入观察任何空间区域，我们就会看到这些粒子，它们并不是转瞬即逝的幽灵，而是真实的粒子。而这就是从外部观察黑洞视界附近的时空时所能看到的情形。黑洞就像一个放大镜，冻结时间并改变我们观察真空涨落的方式。从某种角度来看，虚粒子可以和构成我们身体的粒子一样真实。

虚粒子从真空中成对出现，如果你能亲眼看到它们在你眼前忽隐忽现，你会观察到其中一个幽灵般的粒子具有正能量，而另一个则具有负能量。正常情况下，这些粒子会在极短的时间内重新结合，能量被偿还回去，因此，平均而言，真空的总能量保持不变。无论听起来多么匪夷所思，这个过程其实是很常见的。当你打开荧光灯时，灯管内的蒸汽原子会获得能量并跃迁进入激发态。这意味着原子内的电子现在占据了高于基态的能级。我们在第九章讨论温度和熵时碰到过这些能级：我们可以把一个原子想象成一个盒子，里面装着分布在不同能级上的电子。电子在一段时间内占据较高的能级，然后跌落到较低的能级。在这一过程中，它们会发射携带能量的光子，并使荧光管发光。有一段时间，人们不理解电子在原子中跌回较低能级的原因，物理学家称之为"自发辐射"。现在人们明白了，真空涨落导致电子跌回原子内的较低能级，它们扰动原子并触发光的发射。霍金辐射也有同样的起源。真空涨落会扰动黑洞，使其发射粒子而失去能量。

霍金在他 1975 年的论文中，就黑洞辐射的起源给出了一个启发性的解释。正如他谨慎地指出的那样，这些物理图像并不意味着严密的论证，"热辐射真正的合理性来自数学推导"。然而，正如霍金所领会的那样，图像对于培养理解非常有用。图 10.1 就是霍金所画的图像。

让我们站在一个黑洞的事件视界之外，来关注视界附近的真空涨落。从这个角度看，真空涨落可以被打断，这样可以避免其中的一个粒子与其伙伴粒子的重新结合。原因是在涨落对中，负能量的粒子可以进入视界之内，并在到达奇点之前一直存在。在从黑洞中提取能量的彭罗斯过程中，我们遇到过负能量粒子存在的可能

霍金辐射

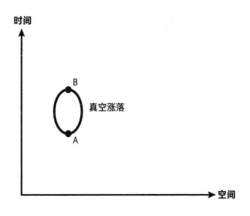

時間

B

真空涨落

A

空间

[10.1]

性。在那种情况下，能层内部空间和时间的角色互换在起作用。时空角色的互换也是视界内的负能量粒子会减少黑洞的质量，而其伙伴粒子可以向外进入宇宙并以霍金辐射的形式出现的原因所在。[III]

对于史瓦西黑洞，我们可以用黑洞的质量M（而不是表面引力）来表示黑洞的温度方程。结果是[IV]：

$$T = \frac{\hbar c^3}{8\pi G M k_B}$$

[10.1] 真空涨落。一对粒子（在 A 点）从真空中出现，持续存在了一瞬间，然后在 B 点重新结合。其中一个粒子的能量为负，这样两个粒子的能量总和为零。

||||||||||||||||||||||||||||||||||||||

III．并非所有正能量的粒子都会远离黑洞。有些会落入黑洞，最终到达奇点。关键是有一些粒子可以逃逸。

IV．ℏ普朗克常数 h 除以 2π。

　　这个精彩的方程揭示了霍金计算中量子理论和广义相对论的
结合，它表明黑洞力学定律实际上是伪装的热力学基本定律。正是
这一点使物理学家们确信，可以将黑洞视为能够存储信息并与视界
之外的宇宙交换能量的热力学对象。霍金提出的黑洞温度的计算公
式，对我们理解宇宙是如此重要，以至于它被刻在了威斯敏斯特大
教堂的地板上。

[10.2]　史瓦西黑洞的温度，被刻在威
斯敏斯特大教堂的霍金纪念石上。

11.

面条化并蒸发
● Spaghettified and Vaporised

然而，在微观物理学中，信息并不会待在那里。相反，微观的自然界向我们举起了革命的手枪，"没有问题，就没有答案"。这就是互补原理。●惠勒 [34]

"黑洞由于被真空扰动而发出辐射的方式有点像原子"，这一描述很好，但它掩盖了日常中热的物体发出光与黑洞发出霍金辐射之间的主要区别。这种差异可以追溯到这样一个事实，即引力效应使真空涨落成为真实的存在。这种独特的产生机制导致了霍金辐射的三个特性，而这些特性放在一起，看起来简直令人迷惑。

黑洞

1. 在大黑洞视界附近自由下落的人，不会遇到任何辐射。

2. 如果有一个正在加速的人，在大黑洞视界附近悬停，将受到一股非常热的辐射流的影响，从而蒸发。

3. 远离黑洞的人会感受到一股冷的辐射流，而这似乎是由处于霍金温度的发光物体发出的。

让我们来依次处理这些问题。

1. 在大'黑洞视界附近自由下落的人不应该遇到任何辐射。这一点并不难理解，这就是爱因斯坦的等效原理。一个自由下落的观察者会感觉自己就像静止在普通的平直时空中一样。所以从他们的角度来看，他们和那些在远离黑洞的地方飘浮的人，以同样温和的方式感受着真空涨落（也就是那些粒子-反粒子对）。这也导致他们会不知不觉地继续飘浮，直到在接近奇点时，不可避免地被面条化。

2. 相比之下，悬停在视界附近的人会遇到真空涨落的正能量部分。从他们的角度来看，他们将受到大量实粒子的轰击，而这些粒子与它们的伙伴被时空几何所分隔开。正如保罗·戴维斯和比尔·昂鲁在 20 世纪 70 年

||||||||||||||||||||||||||||||||||||||||||||||||||||||||

1. 选择大黑洞意味着在视界处的潮汐效应很小。

面条化并蒸发

代中期所意识到的那样，即使在平直时空中也会出现非常相似的效应。[II][35] 在戴维斯–昂鲁效应中，一艘远离任何引力物体的加速火箭飞船将受到一个粒子热浴，并且热浴的温度与加速度成正比。根据等效原理，在通过加速以保持在黑洞视界附近固定位置的火箭上，我们可以认为会发生同样的事情。在这种情况下，由于火箭附近的时空是近乎平坦的，火箭就像在平直时空中加速一样。由于火箭浸泡在粒子热浴中，它会变热。如果它离视界足够近，就会蒸发。

3. 远离黑洞自由下落的观察者将探测到霍金辐射，但是他们接收到的粒子将会比较温和，具有在霍金温度下辐射的物体的能量特征。这和霍金所预测的是相符的。理解霍金辐射是如何产生的另一种方法，就是从这个遥远的角度来考虑黑洞的引潮力。地球上的潮水之所以上涨，是因为月球对地球的引力会发生变化。结果就是，海洋表面在变化的引力场中发生了形变，而地球自身也会发生微小的形变。在地球上，我们只有在

IIIIIIIIIIIIIIIIIIIIIIIIIIIIIIIIIIIIIIIIIIIIIIIIII

II． 通常被称为富林–戴维斯–昂鲁效应，以体现对史蒂芬·富林在 1973 年的早期工作的认可。

很长的距离上才能感受到引潮力效应，比如在地球表面上相隔甚远的两个地方，因为这一效应是由这两处月球引力的差异引起的。几米之内的引力差异是无法测量的，这就是为什么月亮不会在你的浴缸中引发潮汐。霍金辐射的产生是因为黑洞的引力在真空涨落的过程中发生了变化。为了让这个效应大到足以使粒子变为实粒子，真空涨落的间隔必须与黑洞的尺度相当。因此，在遥远的有利位置，观察者可以看到一束长波（低能）粒子流。

在这三种经历中，每一种都是来自不同观点的合理描述，然而乍一看，它们似乎是相互矛盾的。我们将更加明确地指出这一点。假设你跳进一个大黑洞。从你的角度来看，当你接近奇点时注定会被面条化，但是你将毫发无伤地穿越事件视界。你的朋友在黑洞外的火箭船中，他们将会看到你离视界越来越近，但永远不会看到你越过视界。我们从广义相对论中能知道的就是这么多。他们可能会决定放下一个温度计，以测量你所在位置（即靠近视界处）的温度。悬停在视界外的温度计将经历上述情况 2 中的真空涨落，因此将浸入实粒子辐射的热浴中。从这一点来看，近视界区域是一个灼热的地方。你的朋友可能会得出结论：你从未穿越视界，在黑洞外就被烧成灰了。

面条化并蒸发

这里似乎没有什么出路。我们是否应该放弃等效原理这一广义相对论的基础，并得出结论——视界是一个灼热且危险的地方？还是我们应该坚持认为自由下落的观测者必须毫发无伤地越过视界，并得出结论——我们对真空的量子物理分析有问题？如果我们采取其中一个立场，我们就不得不抛弃广义相对论或量子理论的一个核心要素。

还有第三种方法。这是中间主义的一种完美表达：两种观点都有可能是正确的。从外部视角来看，黑洞具有灼热且难以穿透的大气，蒸发了所有靠近它的事物。然而，根据向内坠落之人的说法，视界是完全非实体的，他们可以毫发无损地进入内部。一个人既可以被面条化，也可以被蒸发：在自己看来，他们是被面条化了；但在外面的人看来，他们是被蒸发了。这个想法被称为**"黑洞互补原理"**（black hole complementarity）。**36**

在外面的人看来，没有观测到任何东西掉进黑洞。我们可以认为，对于潜伏在黑洞外面的人来说，黑洞的内部已经超越了时间尽头。东西只是落入灼热的大气层，在那里被烧毁。从外部视角来看，黑洞似乎与炽热的、发光的煤没有太大区别。

根据黑洞互补原理，这些与掉进黑洞的人的叙述并不矛盾，尽管两者所讲述的故事并不同。掉进黑洞的人可以探索黑洞的内部并遇到奇点。然而最重要的是，一旦越过视界，他们就无法与外面的人进行任何交流。同样重要的是，外面的人无法告知向内坠落的人他们已被烧毁了。因为外面的人和向内坠落的人永远不会聚在一起交换意见，所以也就避免了矛盾。用通俗的话来说，这听起来像是一个夸张的冷笑话，但这其实是一个严肃的命题。

你可以立即提出以下反对意见。如果外面的人收集了一些向内坠落的人的骨灰，然后跟着跳入黑洞，向坠落者展示他们被烧毁的证据，那该怎么办？即使对于最热心的黑洞互补原理的倡导者来说，面对自己的骨灰也是一种令人不安的经历。根据互补原理，摆脱这种逻辑上的不可能性的方法是，外面的人收集关于向内坠落的人已经被烧毁的证据是需要时间的。当外面的人收集好证据并跳入视界时，他们的朋友已经被面条化了，因此也就无法等着看到自己死亡的证据。无论这看起来多么奇怪，我们刚刚勾勒的图像似乎基本上是正确的。实现这一目标的途径可以追溯到 20 世纪 80 年代和一个非常简单的问题。

信息悖论

霍金关于霍金辐射的第一篇论文的标题是《黑洞会爆炸吗？》。他采用这个引人注目的标题的原因在于，根据预测，黑洞的温度会随着它的收缩而升高，导致它辐射得更猛烈，收缩得更快，直至它完全消失在辐射的灰烬中。[III] "更快"也许是错误的用词，这会给这个过程带来一种毫无根据的紧迫感。你可以在霍金的公式中代入一些数字，以计算典型的恒星质量黑洞的温度——让我们假设它大约是太阳质量的五倍。得到的结果是，温度比绝对零度高一百亿分之一度。这比今天的宇宙要冷得多，自大爆炸以来的 138 亿年里，宇宙已经冷却到比绝对零度高出 2.7 度左右。在宇宙的此刻，黑洞更像是惠勒的冰茶杯，而根据热力学第二定律，它们在相对更热的宇宙浴池中漂浮时，会吸收能量。然而，随着宇宙的不断膨胀和冷却，总有一天，它们会成为寒冷天空中的发光热点，然后开始蒸发。一个典型的太阳质量黑洞将有大约 10^{69} 年的寿命，这是一个非常长的时间。因此乍一看，我们似乎不需要担心黑洞爆炸。它们的寿命几乎是无限的。但如果我们止步于此，我们将错过可能是自爱因斯坦时代以来理论物理学中最重要的革命。这场革命是由以下问题引发的："黑洞会破坏信息吗？"

想象一下，一本书掉进了一个黑洞。在几乎无限的时间尺度上，黑洞会随着发出霍金辐射而逐渐蒸发，直到在最后的辐射爆发中消失。剩下的全部就是霍金辐射。关键在于，霍金的计算对这种辐射的性质做出了明确的预测：它是热的，这意味着辐射根本不会

||||||||||||||||||||||||||||||||||||||||||||||||

III. 你可以从霍金的公式中直接看出这一点——黑洞的温度与其质量成反比。

编码任何信息。换句话说，当黑洞消失时，这本书就好像从未存在过。它所包含的信息已经从宇宙中被抹去了。事实上，包括最初形成黑洞的坍缩恒星的细节在内，一切关于所有曾经落入黑洞的事物的信息，也都将被抹去。相反，剩下的只是毫无特色的热辐射浴。

那又怎样？伦纳德·萨斯坎德在他的《黑洞战争》（*The Black Hole War*）一书中描述了 1983 年在旧金山阁楼上的一个小会议室中，霍金首次声称信息被黑洞破坏了的那一刻。[37] 在霍金演讲后，即将成为诺贝尔奖获得者的杰拉德·特·胡夫特盯着黑板站了一个小时。"我仍然可以回忆起胡夫特紧皱的眉头，以及霍金脸上愉快的微笑。"胡夫特之所以盯着黑板，是因为我们目前所了解的物理定律都保留了信息。如果我们知道了某个物体在特定时刻的确切状态，那么原则上，我们可以准确地预测它将来会做什么，并知道它过去在做什么。这是决定论，是关于宇宙以可预测的方式进化的基本思想。所有已知的物理定律都提供了确定性的进化方式。它们选择一个系统，无论是一盒气体、恒星还是星系，在未来的某个时刻，将其独特地演化成单一的、定义明确的构型。而由于事物以独特的且可预测的方式进化，我们能够用定律来精确地计算系统在过去任意时刻是什么样的。[IV] 但是，包含黑洞的宇宙又是怎样的呢？

||||||||||||||||||||||||||||||||||||||||||||||||||

IV. 对于系统状态的量子演化，即使单个实验的结果是非确定的，这个表述也是正确的。

星系的核心包含超大质量黑洞，而这些黑洞会吞噬其他东西。如果黑洞随后消失在一阵不含信息的霍金辐射中，那么在遥远的未来，要想重构关于坠入其中的物体的任何细节是不可能的。事实上，我们无法推断出黑洞曾经存在过，因为它会抹去自己的所有痕迹。这个问题被称为黑洞信息悖论。

图 11.1 所示的彭罗斯图能够说明这个问题。它是通过将两个时空几何缝合在一起得到的：对应于黑洞存在期间的史瓦西时空（图 8.3）和黑洞消失后的闵可夫斯基时空。奇点随着黑洞和代表时间结束的波浪线一起消失了——波浪线结束于图顶端的未来类时无限远。我们不知道奇点的最右边发生了什么，因为这是黑洞消失的事件，且此处的量子引力效应很重要。但是正如我们将看到的，与该领域许多专家的期望相反，最近有事实证明了，我们并不需要知道这一点就能解决信息悖论。

图中的阴影区域对应于黑洞蒸发后的时间，那里的时空是平直的，并且看上去没有任何可以越过事件视界的路径。要看出这一点，可以从事件视界内的任何点绘制一条光线（45 度的线），你会看到它结束在奇点上。视界后面的区域仍然是一个无法逃脱的监狱，因为它与外面的宇宙没有因果关联；图 11.1 中的奇点上方没有时空。黑洞消失后，唯一可以生存下来并到达未来的就是霍金辐射。我们绘制了一个弯曲的箭头，来表示黑洞消失时最后一个霍金

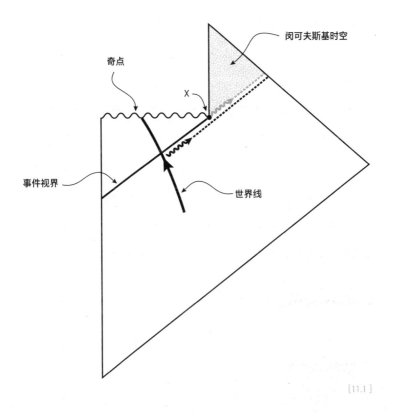

奇点

闵可夫斯基时空

X

事件视界

世界线

粒子的世界线——它愉快地驶向未来
的类光无限远。

根据霍金的说法，辐射是没有特
征的，因此黑洞抹去了落入其中的所
有事物的痕迹。一切都去哪里了？如
果这个黑洞没有蒸发，我们至少可以

[11.1] 蒸发黑洞的彭罗斯图。在最后
一个霍金粒子（灰色的弯曲箭头）（从
X 点）发出后，奇点就消失了。略有弯
曲的粗黑线是扔进黑洞里的书的世界
线，而黑色的弯曲箭头是另一个霍金粒
子。两个霍金粒子都遵循各自用虚线
画出的世界线，最终到达未来类光无
限远。

面条化并蒸发

给出一个模糊的说法，也就是"它落入了奇点，而我们真的不了解那个地方"。但是在黑洞蒸发之后，奇点也不复存在——没有藏身之处了。

至少从外部观察者的角度来看，黑洞互补原理为悖论提供了一个看起来很简单的解决方案。由于从未看到任何东西通过视界掉进去，没有任何东西会丢失。再来想一下扔进黑洞的书，我们已经在图中用蓝色画出了它的世界线。从外部观察者的角度来看，根据互补原理，这本书在视界上被烧毁，其灰烬以霍金辐射的形式返回宇宙（如黑色的弯曲箭头所示）。这和在篝火上烧书没什么不同。如果我们烧掉一本书，原则上讲，如果我们对所有产生的灰烬、气体和余烬进行足够精确的测量，就可以恢复其中包含的信息。在实践中这是不可能的，但实用性并不是一个理论物理学家会关心的词。关键是原则上是有可能的。书中包含的信息在燃烧过程中被弄得乱七八糟，但没有被销毁。我们会声称什么都没有消失，它只是从页面上的单词转换为空间中的粒子。从彭罗斯图中可以清楚地看出，只要这本书在穿越视界之前被烧毁，就有可能画出一条世界线，它可以将书中的每个原子与未来的类时或类光无限远连接起来。

让我们将这个结论与黑洞内部的视角进行对比。这本书在接近奇点时被面条化了。尽管我们不知道奇点处会发生什么，但它位于视界后面的事实意味着这本书就再也出不去了。它会于时间的尽头在视界内被摧毁。但这没关系，因为从外部视角看来，信息被保留了下来。书中的故事被保留在霍金辐射里，并且原则上会永远在那里，以供未来的超级生物阅读。如果我们接受互补原理，内部和外部观点就都是正确的。

这对物理实在有什么后果？根据我们对世界的经验，我们倾向于认为，像书籍或宇航员这样较大的物理对象一次只能出现在一个地方，并且它们只会经历一种命运。当我们提出有关亚原子粒子行为的问题时，量子理论破坏了上述看法，而互补原理似乎给我们的直觉带来了更加激进的挑战。它要求我们接受，对于像宇航员（比如你）这样的庞然大物自由落入黑洞的情况，有两种同样有效的观点。你既被面条化了（从内部来看），也被蒸发了（从外部来看）。这表明，黑洞内部和外部之间的关系，与我们日常所说的"这里"和"那里"之间的关系并不相同。但还有一点小小的美中不足：霍金的计算表明，霍金辐射并不包含任何信息。在这门学科的历史上，在寻求将互补原理建在严格的基础上的过程中，针对霍金的计算中这个尖锐且明确的问题的研究成果是非常有成效的，因为这个问题很简单明了：如果信息要出来，那霍金错在哪里？

　　　　　　　　　　　　　　面条化并蒸发

12.

孤掌之鸣
● The Sound of One Hand Clapping

对于经典的世界来说，纠缠就像是青铜时代中的铁。●迈克尔·尼尔森和
艾萨克·庄

物理学家喜欢悖论。也许不寻常
的是，他们的职业生涯都在寻找那些
会导致他们世界观崩溃的情况，因为
从废墟中可能会产生更深刻的理解。
优秀的科学家并不希望他们的观念通
过研究得到证实。他们希望研究能产
生新的观念。黑洞信息悖论的思想价值以及黑洞互补原理带来的与
常识相关的影响在于，它迫使物理学家陷入了困境。如果想要保留

决定论，霍金的计算一定有错误。如果霍金没有错误，就必须牺牲决定论。无论走哪条路，新的见解都在等待着我们。毕竟，霍金的计算建立在量子理论和广义相对论的基础上。

黑洞奇点处发生的事情是目前无法理解的。根据广义相对论，奇点标志着任何不幸遭遇它的东西的时间终结。它似乎是物质不复存在的地方。无法在奇点区域进行计算，是物理学中一个尚未解决的重要问题。另一方面，霍金辐射并不是一种需要了解接近奇点的物理学的现象。霍金的计算从未超出物理学家所称的"低能物理"——（显然）很好理解的近视界区域的量子物理学和相对论领域，这是一个众所周知的领域。正如我们将看到的，我们熟悉的低能定律确实包含了量子引力深层理论的痕迹，通过研究霍金辐射，这些痕迹可以变得清晰可见。

第一个关键的见解来自对霍金辐射产生的不同寻常的方式的理解，以及这种方式对蒸发过程的限制——特别是霍金辐射是从量子真空中"拔"出来的这一事实。再看看图 10.1，它显示了量子真空中出现的一对粒子。因为这两个粒子起源于真空，所以它们与真空有一些共同特性。最重要的是，它们是量子纠缠的。

在量子物理学所有奇异的方面，也许没有一个概念比纠缠更匪夷所思。根据薛定谔的说法，纠缠是迫使量子世界偏离经典思想的现象，爱因斯坦称之为"幽灵般的超距作用"的量子物理学的一个方面。从某种意义上说，现在人们认为纠缠并不那么诡异，因为它已经成为我们技术的一部分。正是这种智力（和物理）资源支撑着许多实验室对新生的量子计算机进行编程和研究。纠缠是反直觉的，但它也是世界的有形属性。

纠缠在我们的日常经验中没有对应物，这就是为什么它看起来违反直觉。粗略地说，这是两个或多个事物之间的关联，用经典逻辑是无法解释的。[1]相距很远的纠缠物体会瞬间"感受"到彼此的影响，因为它们实际上应该被视为一个单独的关联系统。这意味着，在我们日常生活的背后，存在着一个更微妙、更全面的世界。你手中的电子和仙女座星系中的电子，它们相距 200 多万光年，通过量子纠缠联系在一起。这听起来像是一个近乎神秘的说法，甚至有点诡异。然而，对于世界的逻辑连贯性至关重要的是，这些相关性并不能用于以超光速发送信息，所以不要太激动。没有人会使用量子纠缠来制造时间机器。尽管如此，这些非凡的相关性是真实的。

量子比特

为了探索纠缠，我们将引入量子比特的概念。一个普通的

---

1. 关联在日常生活中很常见：你的左袜子的颜色很可能与你的右袜子的颜色相关，而生活在曼彻斯特与经历毛毛雨相关。

比特就像一个开关，它只能有两个值，我们可以称之为"开"和"关"或0和1。这些熟悉的经典比特是所有现代计算的基础。量子比特是一个更丰富的资源，因为它们可以同时是0和1。每当我们测量量子比特的值时，得到的就是0或1；但在测量之前，它可以是两者的混合。用术语来讲，我们会说量子比特处于0和1的线性叠加中。如果你听说过著名的薛定谔的猫这个思想实验，你就会熟悉这个想法。猫被密封在一个盒子里，并对盒子做一些设置（使用包括衰变的原子和一小瓶毒药的复杂的实验装置），如果盒子保持密封，猫既是活的又是死的。当盒子被打开时，猫会被观察到是活的还是死的。这是将猫看成一个量子比特——在被观察到之前，它可以既是0又是1。我们不在这里讨论什么构成了一次观察，或者为什么将像猫一样大的物体视为纯粹的量子系统是合理的；想要了解更多的详细信息，你实际上可以阅读任何关于量子力学的科普书，包括我们自己写的《量子宇宙》(*The Quantum Universe*)。这里我们需要知道的是，量子比特比普通比特具有更丰富的结构，因为它们不必是0或1，它们可以同时是0和1。

保罗·狄拉克引入了一种强大的符号来表示量子比特和量子态。来考虑一个量子比特，我们将其记作"Q"。如果它具有确定的值1，那么用狄拉克符号我们可以写为：

孤掌之鸣

$$|Q\rangle = |1\rangle$$

如果它具有确定的值 0，那么我们可以写为:

$$|Q\rangle = |0\rangle$$

一个量子比特在读出（被观察到）时返回 0 或 1 的概率相等的例子是:

$$|Q\rangle = \frac{1}{\sqrt{2}}|0\rangle + \frac{1}{\sqrt{2}}|1\rangle$$

这在经典计算逻辑中并无对应。在 10%的时间中返回 0，在 90%的时间中返回 1 的量子比特是:

$$|Q\rangle = \sqrt{\frac{1}{10}}|0\rangle + \sqrt{\frac{9}{10}}|1\rangle$$

这就是量子法则的运作方式。我们要对数字进行平方以获取概率。这种状态在大部分情况下是 1，但也略微混着一些 0。值得强调的是，这个量子比特并不会"偷偷地"取值为 1 或 0，而由于某种原因，我们并不知道取值是哪个。它确实同时是 0 和 1。这是非常违反直觉的，但这就是我们宇宙运作的方式。

纠缠是一个不同但相关的概念。假设我们有两个量子比特。如果它们都是 0，我们可以将它们的组合量子态 Q_2 写为：

$$|Q_2\rangle = |0\rangle|0\rangle$$

其中，第一个表示第一个量子比特，第二个表示第二个量子比特。我们还可以想象一个态：

$$|Q_2\rangle = \frac{1}{\sqrt{2}}|0\rangle|1\rangle + \frac{1}{\sqrt{2}}|1\rangle|0\rangle$$

这是一个纠缠态。[II]第一个量子比特的值为 0 且第二个量子比特的值为 1 的可能性为 50%，而第一个量子比特的值为 1 且第二个量子比特的值为 0 的可能性为 50%。但是请注意，两个量子比特都为 0 或都为 1 是不可能的。光子是表现为单个量子比特的物理系统的例子。它具有自旋的属性，取值可以是 0 或 1。上面纠缠的"贝尔态"可以用两个光子的系统来实现。像这样的态通常是在

||||||||||||||||||||||||||||||||||||||||||||||

II．这种纠缠态是所谓的"贝尔态"的一个例子，它以北爱尔兰物理学家约翰·贝尔的名字命名，他是量子纠缠研究的先驱。

孤掌之鸣

实验室中创建的，以研究纠缠并应用于量子密码和量子计算。

让我们暂时将这些量子比特放在一边，然后切换到保罗·奎亚特和卢西恩·哈代提出的一个绝妙的类比，即量子厨房。[39] 把光子换成蛋糕，并在接下来的内容中改变其他的一些用词，这个故事就和在实验室中进行的真实实验有了关系。量子厨房如图 **12.1** 所示。厨房位于中间，两边各有一条传送带。一对烤箱分别沿着两条传送带移动，每个烤箱内部都有一个蛋糕，烤箱边移动边烘烤蛋糕。蛋糕将由露西（左边）和里卡多（右边）检查。烤箱可以在中途被打开，从而可以观察到烘焙中的蛋糕。它们要么已经膨起，要么没有膨起。在传送带的末端，里卡多和露西可以通过品尝蛋糕来进行不同的观察。它们尝起来要么好吃，要么难吃。这就是实验装置。

露西和里卡多将会遇到很多对蛋糕，对于每对蛋糕，他们会随机选择是中途打开烤箱查看蛋糕，还是等到最后来品尝蛋糕。他

们只允许对每对蛋糕做一次观察，要么中途打开烤箱，检查蛋糕是否膨起，或者最后品尝蛋糕，但不能两种办法

[12.1] 量子厨房，来自保罗·奎亚特和卢西恩·哈代的"量子蛋糕之谜"。

都用。他们的任务是记录结果。

对于第一对蛋糕，露西在传送带的末端品尝了，味道很好。里卡多也这样做，发现他的蛋糕很难吃。对于第二对蛋糕，里卡多中途打开烤箱，看到蛋糕已经膨起。露西在最后品尝她的蛋糕，发现它味道很好。如此种种，经过检查和品尝许多对蛋糕之后，他们发现：

1. 每当露西的蛋糕较早膨起时，里卡多的蛋糕总是很好吃。

2. 每当里卡多的蛋糕较早膨起时，露西的蛋糕总是很好吃。

3. 如果露西和里卡多都在中途检查烤箱，则总次数的1/12 中两个蛋糕都会较早膨起。

如果我们运用自己的常识以及根据对世界的经验，这三个观察事实可以推断出：至少在 1/12 的时间内，两种蛋糕都应该很好吃。我们可以推断出这一点，因为：

1. 当里卡多和露西检查两个烤箱时，他们发现在 1/12 的情况下，两个蛋糕都膨起了。

2. 我们知道，当里卡多的蛋糕膨起时，露西的蛋糕就会很好吃，反之亦然。

除了他们两人都是糟糕的蛋糕师之外，这里没有什么令人惊

孤掌之鸣

讶的事情。然而，这里还有一个令人震惊的观察结果。在量子厨房中：

从来都不会出现两个蛋糕都好吃的情况。

这怎么可能？使用看似无懈可击的逻辑，我们得出的结论是，至少在 1/12 的情况下，应该会有两个蛋糕都很好吃。然而事实并非如此。

反复琢磨并尝试找出这种推理有什么问题，这是一件有趣的事情——产生这些奇怪结果的可能机制是什么？物理专业的学生喜欢在酒吧里这样做。很久以前，作者花了一个晚上来弄清楚，为什么将一根杆固定在月球上发出莫尔斯电码，并不会因为它发射信号的速度比光速快，而违反相对论原理。

其中可能存在某种机制，使得制作美味蛋糕的唯一方法就是让另一个人在中途打开烤箱。也许中途打开一个烤箱的动作会产生一种声音，使另一个烤箱摇晃，从而使其中的蛋糕很好吃。或者，一个微小的耐热的烹饪小矮人正坐在每个烤箱中，看着另一个烤箱发生了什么，如果看到另一个烤箱门被打开了，他们就会确保蛋糕的味道很好。如果我们把传送带设置得足够长且它的移动速度足够快，那么在进行观察之前就没有信号能够在烤箱之间传播，因此就可以（利用因果关系）排除这两种可能性。在露西/里卡多决定中途打开烤箱后，信号就要启程，并在里卡多/露西品尝蛋糕之前到达另一个烤箱。我们可以进行一些设置，这样就没有足够的时间让这种事情发生。或者，也许制作蛋糕粉的厨师以某种方式提前知道了里卡多和露西将要做出的选择。然后，厨师可以在适当的时间制作出不好的混合粉。而如果里卡多和露西在烤箱离开厨房后随机做出决定，就可以消除这种可能性。如此种种。有一种逻辑上的可能性可以在不诉诸量子理论的情况下解释结果：宇宙中的每个事件都是预先确定的，自由意志不存在，而且结果是在时间开始时就确定了。撇开这一点，我们就只剩下量子力学了。

如果蛋糕是以纠缠的量子态所制作的，我们上面引用的结果就可以解释了。在这种情况下，蛋糕的量子态使两个蛋糕不可能都好吃。这就像我们之前在量子比特纠缠系统中遇到的情况：两个量子比特不可能同时为 0 或 1。

下面是蛋糕的量子态，再现了露西和里卡多得到的结果：

$$|Q\rangle = \frac{1}{\sqrt{3}} \left(|B_L\rangle |B_R\rangle - |B_L\rangle |G_R\rangle - |G_L\rangle |B_R\rangle \right)$$

其中 B 和 G 分别表示"不好吃"和"好吃"，下标表明是露西还是里卡多的蛋糕。这是一个比我们以前看到的更复杂的状态，但是你可以看到，因为没有 $|G_L\rangle |G_R\rangle$ 的项，所以两个蛋糕不可能都好吃。你也可以看到，在三分之一的情况下，两个蛋糕都不好吃。为了解

释与打开烤箱并观察蛋糕是否膨起相关的数值结果，我们需要更多的量子理论，而这对于接下来的内容来说是不必要的。但这很有趣，所以我们将讨论移至扩展阅读 12.1。

就我们的目的而言，量子厨房最重要的特征是，由于蛋糕处于纠缠状态，它们并不独立具有"好吃"或"不好吃"、"已膨起"或"未膨起"的性质。相反，整个双蛋糕系统是由量子厨房以一种混合了所有这些可能的测量结果和相关性的态下产生的，而这些相

▨ 扩展阅读 12.1　来自量子厨房的更多讨论

你可能想知道"膨起"或"未膨起"的测量值在蛋糕的量子态中是如何体现的。为了重现露西和里卡多得到的结果，蛋糕"好吃"和"不好吃"的态如下：

$$|B\rangle = \frac{1}{\sqrt{2}}\,(|N\rangle + |R\rangle)$$

$$|G\rangle = \frac{1}{\sqrt{2}}\,(|R\rangle - |N\rangle)$$

其中 R 和 N 表示"膨起"和"未膨起"。我们该如何解释这些态？让我们以 $|B\rangle$ 为例。如果观察到蛋糕不好吃，就意味着它必定处于状态 $|B\rangle$。如果我们现在进行后续观察，并询问它是否膨起，那么有 50% 的机会它并未膨起，因为 $1/\sqrt{2}$ 的平方是 $1/2$。如果你喜欢做一点数学，则可以将 $|B\rangle$ 和 $|G\rangle$ 的表达式代入 $|Q\rangle$ 中来确定 $|R_L\rangle|B_R\rangle$ 项的系数。你应该发现它是 $-1/\sqrt{2}$，从而得到了两个蛋糕都膨起的概率是

黑洞

关性给出了我们上面提及的结果。然而，量子态在每种情况下也都是如此，当每个蛋糕离开厨房时，它们都有可能尝起来好吃或不好吃，以及膨起或不膨起。重申一个非常重要的观点，露西和里卡多观察到的概率并不是因为缺乏对量子蛋糕系统态的了解。他们可以知道态是什么，但在进行测量之前，他们仍然无法知道单个蛋糕好吃还是不好吃，以及是否膨起，因为在观察每个蛋糕之前，所有这些结果都是有可能的。[III]

纠缠态中的相关性信息位于何处？它并不是毫无关联地存储在每个单独的蛋糕中。让我们回到简单的双量子比特系统：

$$|Q_2\rangle = \frac{1}{\sqrt{2}}|0\rangle|1\rangle + \frac{1}{\sqrt{2}}|1\rangle|0\rangle$$

||||||||||||||||||||||||||||||||||||||||||||||||

III．量子力学的一个重要特征是，蛋糕之间的这种"联系"不能超光速传输信息。我们可以求解露西找到美味蛋糕的概率——这是露西可独立于里卡多进行测量的量。我们会发现露西观察到的概率并不取决于里卡多的测量，这意味着里卡多不能用他所选择的测量来向露西传递信息。虽然他们的观察是相关联的，但它并不是一种可以用来传递信息的关联。

如果我们对其中一个量子比特进行测量，得到 0 或 1 的概率是相同的。这就像扔硬币一样，有一半的概率正面向上，有一半的概率背面向上。其中没有任何信息，这是完全随机的。然而，如果硬币是以这种方式纠缠在一起的量子硬币，那么如果其中一个硬币正面向上，我们就会知道另一个背面向上。即使两枚硬币分别位于宇宙相反的两侧，这也是正确的。在这种态中存储的信息，可以防止两种硬币同时出现正面或反面向上，但信息并非以我们所熟悉的方式来存储的。在一本书中，信息存储在每一页，我们读过的页数越来越多，故事也随之展开。在一本量子书中，每个单独的页面都是乱七八糟的，故事将存在于页面之间的关联之中。因此，我们必须通读这本书的大部分内容，才能更深入地了解这个故事。从单独一页上看不到任何相关性，因此也就看不到任何信息。一个庞大的纠缠量子系统的一小部分缺乏信息存储，这是一个非常重要的特性，也是黑洞信息悖论的核心。

纠缠和蒸发中的黑洞

量子真空绝不是空的。它还是严重纠缠的。著名的里赫-施利德定理（Reeh-Schlieder theorem）描述了真空纠缠的程度。该定理指出，可以通过在真空的某个小区域进行操作，从而在宇宙中的任何地方创造出任何东西。这个神奇的魔术在理论上是可行的，因为真空是不可避免地纠缠在一起的。由于所需的局部操作是我们无法执行的，这个定理的古怪性质略有减弱，这真是一种遗憾。尽管如此，关键依然在于真空内部具有这种编码。对我们来说，重要的是，霍金辐射是这种真空纠缠的产物。

图 12.2 画出了伴随着霍金辐射的黑洞蒸发过程。虚线表示成对的霍金粒子，它们由于起源于量子真空而纠缠在一起。因为霍金粒子对一定要分跨在事件视界两侧，所以这种纠缠可以被描绘为黑洞外部的霍金辐射与黑洞本身之间的纠缠。随着时间的流逝，产生了越来越多的霍金辐射，越来越多的辐射粒子与黑洞纠缠在一起。但是黑洞却正在缩小。最终它消失了，而我们就有了一个问题，因为与霍金辐射相纠缠的东西已经消失了。留下的霍金辐射就像孤掌之鸣。

纠缠消失的后果是什么？正如我们所看到的，纠缠系统具有丰富的结构，可以在整个系统的相关性中编码信息。如果纠缠被破坏，相应的信息必然会丢失，这违反了量子力学的规则和决定论的基本原理。[IV]这正是黑洞信息悖论的本质。

||||||||||||||||||||||||||||||||||||||||||||||||

IV. 在量子力学中，我们使用决定论一词来指代以下事实：如果我们知道系统先前的态，就可以预测系统未来的态。但是，由于量子力学本质上是随机的，知道态并不意味着我们知道实验的结果。从这个角度来说，量子力学不是决定论的。更精确的术语是说量子态会经历"幺正"演化。

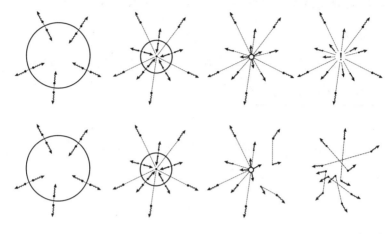

为了避免这种令人不快的情况，我们可能会这样一个事实，即我们并不了解在黑洞蒸发的最后阶段会发生什么。当黑洞很大时，霍金的计算预计是可靠的，因为视界附近的时空并不会非常弯曲。但是，当黑洞在消失前变得非常小时，情况就不是这样了。在最后的时刻，视界处的时空曲率将变得极大，因此我们不应该期望能用广义相对论和量子理论来进行预测。我们正在进入量子引力的领域，鉴于我们还没有这样的理论，我们可以合理地声称一切都无法预测。因此，明智

[12.2] 霍金辐射和黑洞之间的纠缠。上面一行图展示了在霍金最初的计算中，信息是如何丢失的。辐射和黑洞之间的纠缠不断增加，因此当黑洞最终消失时（右上）就引发了一个难题。下面一行图展示的是，如果信息不丢失，事情将如何发展。纠缠慢慢从黑洞和辐射之间转移到完全在辐射内部。

黑洞

的做法也许是采取更加谨慎的观点，并认为信息悖论可能会通过一些尚未发现的物理学来解决。

1993 年，物理学家唐·佩奇指出[40]，这种推理方式是错误的。他认为，在黑洞生命的末期引入未知的物理学并不能解决问题。因为在蒸发过程的更早时期，即黑洞还处于中年的阶段，悖论就已经出现了。黑洞和霍金辐射是一个我们将其一分为二的单一纠缠系统，这其实就是一个更复杂的量子厨房。黑洞是一个蛋糕，辐射是另一个蛋糕，并且它们纠缠在一起。随着更多的霍金辐射被发射出来，黑洞会收缩；结果就是，越来越多的东西（辐射）和越来越少的东西（收缩的黑洞）纠缠在一起。终究会在某个时刻，收缩的黑洞不再具备与发出的辐射相纠缠的能力，正如佩奇意识到的那样，这将发生在黑洞的中年时期。

我们可以用类比来说明佩奇的推理。想象一个由正方形碎片组成的拼图，而完成的拼图放在桌子上。完成的拼图包含着大量的信息——也就是拼图上的图片。想象一下，还有第二张空桌子，我们将从拼图中随机选择几片转移到桌子上。第一张桌子上完成的拼图就像一个发出霍金辐射之前的黑洞，而空桌子就是黑洞的外部。

现在，我们随机从完成的拼图中取出一块，然后将其移动到空桌子上，接着再拿一块，然后是另一块。第二张桌子上的碎片就像黑洞发出的霍金粒子。现在之前的空桌子上还有三块。这些碎片不太可能向我们揭示完整的拼图是什么。如果我们只关注这三个碎片，不会意识到它们是一个更大的、更相关的、具有丰富信息的系统的一部分。

第二张桌子上的碎片的熵表明了，如果不考虑这些碎片是否适合拼在一起，我们可以有多少种在桌子上对这些碎片进行排列组合的方式。这就像通过计算原子的排列组合（我们不知道确切的细节）来计算气体的玻尔兹曼熵。我们将其称为热力学熵。[V]

起初，当只有几块被移走时，第二张桌子的熵随着我们每转移一块而增加，因为有了更多的碎片，我们就可以把它们放在任何想放的地方。但是，当足够多的碎片被转移到第二张桌子上时，这些碎片就会开始组合在一起。因此，在达到某个程度之后，添加更多的碎片并不会增加我们在第二张桌子上碎片的排列方式。而由于我们可以开始看到更大的画面，添加更多的碎片反而会导致更少的摆放可能性。

为了更加定量地对此进行讨论，我们可以引入一种新的熵——纠缠熵。在考虑某些碎片可以组合在一起的情况下，这种熵计算了这些碎片可能的排列数量。当只转移了几块碎片时，纠缠熵就等于

||||||||||||||||||||||||||||||||||||||||||||

V. 例如，如果一个拼图是由 3×3 的正方形碎片组成，那么每个碎片可能的位置有 9 个。总共可能的排列方式的数量就是 $9×8×7×6×5×4×3×2×1×4^9 = 95,126,814,720$。拼图的热力学熵就是这个数的对数。$4^9$ 的因子是指每块碎片的摆放都可以有四个不同的方向。

热力学熵，因为几乎不可能会有碎片组合在一起。然而随着更多的碎片被转移，纠缠熵终于开始降低。因为随着越来越多的碎片组合在一起，可能的排列数量就降低了。另一方面，热力学熵将继续上升，因为它只和桌子上的碎片数有关。

这个新的量之所以被称为纠缠熵，是因为它是对两组拼图的纠缠程度的度量。当没有碎片被转移时，它是零；随着碎片的转移，它会增加。拼图中包含的所有信息仍然存在，但是现在开始在两个桌子之间共享。在某个时刻，随着完成的拼图开始逐渐呈现在第二张桌子上，纠缠熵开始下降。信息现在开始出现在第二张桌子上，共享（纠缠）的信息量正在下降。当大约一半的碎片被转移时，拼图的两个部分彼此纠缠最多，这就是纠缠熵处于最大值的时刻。因此对于拼图来说，纠缠熵会从零开始增加，当两个桌子上包含大致相同数量的碎片时，纠缠熵会达到最大值，然后再次下降到零。我们已经在图 12.3 中描绘了这个情况。

这个简单的拼图类比提供了一种理解佩奇推理的方法。第一个桌子类似于黑洞，第二个桌子类似于发出的霍金辐射。如果在黑洞蒸发中信息是守恒的，我们刚刚已经知道了黑洞和辐射之间的纠缠熵应该先上升再下降，如图 12.3 中的佩奇曲线所示。**佩奇时间**是纠缠熵停止上升并开始下降的时刻。也就是说，从这个时刻开始，霍金粒子之间的相关性开始承载原始系统总信息量的主要部分。

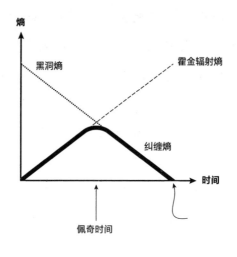

熵

黑洞熵 .... 霍金辐射熵

纠缠熵

时间

佩奇时间

[12.3]

我们还画出了黑洞的热力学熵，它会随着黑洞的蒸发而逐渐降为零，而霍金辐射的热力学熵则会不断上升。这条不断上升的曲线是霍金最初计算的结果，这似乎表明辐射中从来不会有任何量子相关性。佩奇强有力的观点是，信息守恒的蒸发过程必须遵循佩奇曲线，而不是霍金的不断上升的曲线。而且，至关重要的是，两条曲线之间的差异会在佩奇时间表现出来，也就是在黑洞还不太老的时候。因此，此刻量子理论和广义相对论应该都是有效的。从这个角度来看，解决信息悖论就等同于理解哪条曲线才是正确的：佩奇曲线（信息会出来）还是霍金的原始曲线（信息不会出来）。

[12.3] 佩奇曲线（黑色曲线）。同时展示了贝肯斯坦－霍金对黑洞熵的计算结果（点线）和霍金对辐射熵的计算结果（虚线）。

黑洞

佩奇时间也可以被认为是，我们可以开始解码霍金辐射中所包含的信息的时间（如果信息会出来的话）。如果辐射是热辐射，那么在佩奇时间之前，它的纠缠熵就等于它的热力学熵。在这种情况下，没有相关性是显然的，并且辐射中并不包含任何信息。佩奇时间之后，相关性就出现了，辐射中的信息就变得越来越丰富。这就是我们之前所描述的量子图书的情况。最初的几页完全是乱码的，因为故事是编码在页面之间的相关性中的。只有当我们读完这本书的一半以上时，我们才能开始识别其中的相关性并破解其含义。

事实上，我们必须等到佩奇时间才能看到相关性的出现，这导致了另一个相当令人困惑的想法。由于佩奇时间大约是黑洞寿命的一半，而黑洞的寿命可能超过 10^{100} 年，因此我们所声称的是，相隔 10^{100} 年发出的粒子之间存在相关性。这说明了量子纠缠的奇异之处，并且也许暗示了空间和时间可能不是它们看起来的那样。

我们不得不做出这样一个结论：如果信息是守恒的，就必须在佩奇时间（大约是黑洞寿命的一半）之后对霍金的原始计算进行一些修正。但是要重申一个要点：在佩奇时间，我们期望广义相对论和量子理论在近视界区域都是完全适用的，我们并不希望用到目前未知的物理学。然而，如果我们相信在黑洞蒸发过程中信息是守恒的，那么霍金基于量子理论和广义相对论的计算就会偏离预期。所以挑战现在就很明显了。如果我们要证明信息没有被黑洞破坏，就必须算出佩奇曲线。

现在，我们发现自己正处于理论物理的千年之交。佩奇提出了挑战，因为佩奇曲线应该可以用已知的物理定律来计算。但是当时最先进的计算是霍金给出的，它并不符合佩奇曲线。不过我们还有互补原理，但我们在第十一章中遇到的这个疯狂想法缺乏令人信服的证明。互补原理为信息悖论提供了一种解决方案，也就是说从外部看，实际上并没有任何信息会下坠穿过视界并进入黑洞——但我们也被要求相信存在着另一种视角，认为信息确实会掉进黑洞，而且这两种观点同样都是有效的。大约在这个时候，一个大胆的新想法浮出了水面。这个想法非常重要，它帮助我们说服了许多人，让他们认为霍金一定是错的，并且互补原理是有实质意义的。这个关键的想法是什么呢？那就是：世界是一幅全息图。

13

世界是一幅全息图
● The World as a Hologram

没有人知道发生了什么。●约瑟夫·波尔钦斯基

黑洞的熵与其面积成正比，这表明所有关于掉入黑洞的信息都被编码在散布于视界表面上的微小比特中。在一段时间后，这些比特会离开视界，并成为互相关联的霍金粒子。这些相关性——也就是辐射中的量子纠缠——

编码了落入黑洞中的物质的相关信息。[1]从某个自由下落通过视界的人的角度看来，他们什么也没感觉到，也不会注意到这种神奇的编码。此外，他们的命运是既会在奇点处被面条化（从自己的角度来看），也会在视界上被焚毁（从外部的角度来看）。但这对于自然规律来说没有问题，因为没有一个观察者可以同时出现在两个事件中。这是利用黑洞互补原理来解决黑洞信息悖论的本质。这是无稽之谈吗？

今天，证据有力地支持这样一个结论：互补原理不是无稽之谈，但它的含义则更加令人震惊了。互补原理告诉我们，视界内部发生的事情与外部发生的事情一样有效。这两种图像是对同一个物理现象的等效描述。换句话说，黑洞的内部与外部"相同"。这个想法被称为全息原理。

乍一看，似乎没必要如此激进地援引全息原理，因为我们可以想象，当某个东西通过视界下坠时，它会被秘密地复制。一个副

||||||||||||||||||||||||||||||||||||||||||||||||||||

1. 这绝对不是在霍金的计算中发生的事情，他的计算表明霍金粒子是没有相关性的，因此不携带任何信息，而这违反了量子力学的基本原理。在霍金的计算中，粒子来自一个没有数据的真空（用理论物理学家萨米尔·马图尔的话来说）。因此霍金辐射的纠缠熵将一直增加，并且永远不会逆转（因为它必须符合佩奇曲线），因为真空可以有效地提供无限的纠缠库。如果认为在视界上编码的信息被转移到跑出去的霍金辐射中是激进的，而我们也有责任找到一种理论，来解释这是如何发生的。提供这种解释才能彻底解决信息悖论。互补原理不能直接回答这个问题——它假设了在视界附近的热区中一些未知的动力学，这会导致对霍金计算进行较大的修正。

本继续落入奇点，并被面条化；另一个副本则在视界上被焚毁，并被编码于霍金辐射中。尽管这一想法可能是激进的，但在视界上进行复制似乎并不比援引内部是全息图的想法更激进。不过，这种逻辑存在严重缺陷——量子物理定律禁止这种情况。"不可克隆定理"认为，对某些未知的量子态进行完全相同的复制是不可能的。在扩展阅读 13.1 中，我们对此做了一个证明。

⧀ 扩展阅读 13.1　　不可克隆

假设我们有一台可以复制未知量子比特的克隆机。具体来说，这台机器可以取一个|0⟩，并将它变成|0⟩|0⟩，同样，可以将|1⟩变成|1⟩|1⟩。那么对于下面这个量子比特：|Q⟩ = 1/√2 (|0⟩+|1⟩)，克隆机会把它变成什么样子呢？这个量子比特是|0⟩和|1⟩的 50 比 50 的混合，我们的克隆机会将其转换为 1/√2 (|0⟩|0⟩+|1⟩|1⟩)。但是这个双量子比特态并不是|Q⟩|Q⟩。换句话说，我们的机器终究不是一台克隆机。

在排除了克隆的情况下，如果我们想尊重量子理论和广义相对论的基础，那么似乎就只剩下全息原理了。然而，还有另一种可能性：黑洞并没有内部。这种激进的解决方案将意味着广义相对论是错误的，因为没有什么东西可以落入黑洞这一点严重违反了等效原理。2013 年，艾哈迈德·阿姆黑利、唐纳德·马洛夫、约瑟夫·波尔钦斯基和詹姆斯·萨利发表了一篇论文，他们在文中严肃

地讨论了这种可能性对爱因斯坦理论的践踏。论文的标题颇具挑衅性:"黑洞:互补原理还是火墙?"[41]。这篇后来被称为"AMPS"的论文发现了互补原理的致命缺陷。它会引起这样一个结论:黑洞没有内部,任何不幸到达黑洞视界的人都将被烧死在火墙中,甚至从他们自己的角度来看也是如此。

火墙

在第十二章中,我们想象在黑洞外闲逛,并收集宇航员在视界上被烧毁的痕迹。然后,我们会跳进黑洞,带着宇航员的骨灰去面对他。这会产生矛盾,因为从宇航员的角度看,他们既被烧毁了,又没有被烧毁。我们的解释是,这一矛盾是可以避免的,因为宇航员在我们追上他之前就已经达到了奇点。这种情况的更精确版本涉及关于量子比特和克隆的思考。我们可以想象把一堆量子比特扔进黑洞里,然后试图通过收集霍金辐射并对其进行处理来确定这些量子比特,这样我们就能有效地获得扔进去的原始量子比特的副本。如果要符合不可克隆定理,我们就不可能跳进黑洞中并与原始的量子比特相遇。根据我们对佩奇曲线的理解,如果此时的黑洞处于年轻时期(即在佩奇时间之前),我们就不会得到太多信息。我们需要等待很长时间(对于年轻的太阳质量黑洞而言,这种轻描淡写是愚蠢的)，然后才能获得原始量子比特的副本。因此，对于一个年轻的黑洞来说，矛盾应该是不存在的。

佩奇时间之后，也就是当黑洞达到中年或者更老时，情况会变得相当微妙。在这种情况下，黑洞的作用更像一面镜子，几乎立即就将这些比特再次吐出。这一点是由帕特里克·海登和普雷斯基尔于 2007 年发现的。[42] 然而令人惊讶的是，事实证明，时间延迟仍然（恰好）足以避免违反不可克隆定理。在互补原理的阵营中，一切看起来都很好，但AMPS通过提出一个类似的思想实验搅了局。无论如何，他们的设想都无法轻易地与互补原理协调一致。

在第十二章中，我们看到，如果要在佩奇时间之后将信息转移到霍金辐射中，霍金粒子必须逐渐变得越来越相互纠缠。这在图 12.2 的下半部分中进行了说明。然而，霍金辐射如图 12.2 的上半部分所示，是以纠缠对的形式产生的。这就是问题之所在：因为霍金对彼此纠缠在一起，所以它们不能与其他任何东西纠缠在一起。这被称为"纠缠的一夫一妻制（单配性）"，它是量子力学的另一个基本性质。

图 13.1 阐释了这对处于生命后期（即佩奇时间之后）的黑洞造成的问题。想象两个观察者，爱丽丝和鲍勃。鲍勃坐在黑洞外面收集霍金辐射。他会检视在黑洞的生命早期（在佩奇时间之前）发

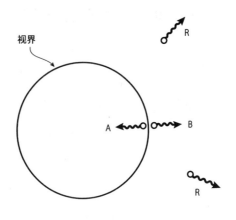

视界

[13.1]

射的辐射R，并将其提炼为一个单独的量子比特。[II]现在，如果信息是守恒的，那么这个量子比特就极有可能与霍金粒子B纠缠在一起（B是黑洞在其生命后期发出的）——这就是为什么当黑洞最终消失时佩奇曲线变为零的原因。因此，鲍勃可以得出结论：B和R是互相纠缠的。

　　爱丽丝是一个在佩奇时间之后穿过视界的自由下落的观察者。她将证实霍金对中的粒子B与另一半A纠缠在一起。为了避免违反纠缠的单配性，同时仍允许信息出现在霍金辐射中，[III]我们可以假

[13.1] 图解火墙。对于一个老黑洞，在黑洞年轻时发出的霍金粒子 R 与最近发出的霍金粒子 B 纠缠在一起，而 B 也与内部粒子 A 纠缠在一起。

II. 通过一些暂时不需要了解的巧妙而复杂的过程。
III. 我们的意思是鲍勃仍然检测到 B 和 R 之间的纠缠。

设爱丽丝并不会证实A和B互相纠缠。这听起来可能是无害的，但事实并非如此。像这样简单地消除纠缠的后果将是非常戏剧性的：它将创造出一堵火墙。这是因为在真空中消除纠缠需要消耗能量——这无异于撕开一片空旷的空间。由此产生的火墙不仅会阻止爱丽丝进入黑洞的内部，还会破坏视界内部的空间。黑洞内部将不复存在。

人们可能会想，一种互补原理的论证是否仍然还能挽救局面。或许爱丽丝可以观察到A是与B纠缠在一起，鲍勃也可以观察到B与R纠缠在一起，二者是没有矛盾的，因为他们永远无法见面以确认他们的观察结果。事实并非如此，因为鲍勃有足够的时间来确认他看到了纠缠，然后潜入视界与爱丽丝交换意见，而爱丽丝会通过穿越视界的行为来确认她也看到了横跨视界两侧的纠缠。

通过这一连串的推理，AMPS似乎发现了一个真正的矛盾，而这使得人们质疑黑洞内部是否存在。这可能是促使波尔钦斯基说出本章开头那句话的原因。基本的问题可以追溯到这样一个事实：互补原理似乎要求了过多的纠缠，以使黑洞在蒸发时信息守恒，且同时保持整个视界两侧的量子真空的完整性。互补原理要求黑洞和霍金辐射在佩奇时间之后处于一种不可能的量子状态，因为这要求它们编码的信息比系统从物理上能够支持的更多。

在其论文的结论中，AMPS提到了另一种看待这一信息存储限制的方式。为什么相似的论证并不意味着第三章中的加速观察者所遇到的伦德勒视界上存在火墙？答案是，与黑洞的视界不同，伦德勒视界的面积和熵是无限的，因此"它们的量子存储器永远不会被填满"。换句话说，伦德勒视界永远不会变老，并且始终可以支持对它们提出的任何关于信息的要求，从而保持真空的完整性。

全息提供了一种保留等效原理并保障视界安全的方法，同时还可以挽救量子力学并使得信息守恒。基本的思想是，由于黑洞的内部与外部是对偶的，所以早期的霍金辐射R和内部的粒子A实际上是同一个。这听起来很疯狂，但这就是在全息中避免火墙问题的方法。在处理早期的霍金辐射R以检查它与B的纠缠时，鲍勃无意中破坏了与A的纠缠。这创建了一种微型的火墙，其强度足以阻止爱丽丝测量出A和B之间的纠缠，但又不至于破坏黑洞内部。

世界是一幅全息图

时空全息由胡夫特于 1993 年首次提出，萨斯坎德在一年后将其进一步发展。他们将其作为黑洞互补原理这个思想的组成部分，但强调它的适用性可能应当更广泛。也就是说，尽管最初源自黑洞相关的问题，但全息应该是自然界的一个普遍特性。按照目前对全息原理的理解，我们所感知的整个世界就是一幅全息图。[43]

通常理解的全息图，是根据存储在二维屏幕上的信息构造的三维物体的表示。如果你见过全息图，就会知道它们看起来非常真实。你可以绕着它们走，从各个角度观察它们，就好像它们本身就是真正的三维物体一样。现在想象一个幅完美的全息图。那是一种什么样的东西？如果在承载全息数据的二维屏幕上还编码了重建三维对象所需的所有信息，那么全息图将是完美的。这让人想起了黑洞的贝肯斯坦熵，它说黑洞包含的信息可以通过仅考虑事件视界的二维表面来计算。

现在，正如我们在第九章中讨论过的，黑洞的信息密度可能是所有物体中最大的，并且由于它存储的信息是由视界的表面积给出的，在空间任何区域内的信息，都不可能比在该区域的边界上编码的信息更多。这种认识导致胡夫特和萨斯坎德认为，任何空间区域所包含的信息内容都被编码在该区域的边界上。我们首先通过考虑黑洞发现了这一点的原因是，任何徘徊在黑洞之外的人都可以探索其暴露的边界，边界的形式则是靠近事件视界的热膜。在远离黑洞的日常生活中，我们如何获得这种全息编码的信息就不太明显了，因为我们不能"切出一片真空"来揭示其内部信息是在其表面上编码的。

因此，全息是互补原理起作用的一个完美例子。对所有事物来说，都有两种完全等价的描述，而这是自然界的基本特征，并不仅仅是黑洞。黑洞是罗塞塔石碑，它向我们介绍了一种新的语言对物理实在的完全不同但完美等价的描述。一种描述存在于任何给定的空间区域的边界上，而另一种更加常规的描述则存在于边界内部的空间中。这意味着，我们可以用存储在遥远边界上的信息来绝对准确地描述经验和存在，而我们还不了解其本质。这听起来完全是愚蠢的，但支持这一想法的确凿证据则来自有史以来被引用最多的高能物理论文。

马尔达西那的世界

科学引文会计算一篇研究论文在文献中被引用的次数。很自然的是，最重要的论文往往会被引用得最多。史上排名第 13[IV] 的是史蒂芬·霍金 1975 年的论文《黑洞产生的粒子》。暗能量的发现也榜上有名，报道相关证据的两篇关键论文排在第 3 和第 4 位，而宣布在大型强子对撞机上发现希格斯玻色子的论文排在第 6 和第 7 位。排名第一的是阿根廷物理学家胡安·马尔达西那于 1997 年撰写的论文，标题是"超共形场论和超引力的大N极限"。[44]迄今为止，该论文被引用了近 18000 次，在过去的 25 年里，它对理论物理学

IIIIIIIIIIIIIIIIIIIIIIIIIIIIIIIIIIIIII

IV． 这些引文统计数据来自 iNSPIRE 数据库（inspirehep.net），该数据库由世界领先的研究实验室合作运行，并记录"高能物理"领域的引文。

面貌的改变比其他论文都要多。这篇论文也为支持全息原理观点的正确性提供了最有力的证据。

马尔达西那所考虑的宇宙并不是我们所生活的宇宙，不过没关系。物理学家通常会用一些更加简化的特征来建立世界模型。现实世界是复杂的，因此在一个更加简单的假想世界中进行计算通常是有用的。技巧在于要选择一个简单的世界，既能增进我们的理解，又不会太不切实际。工程师在设计飞机和桥梁之类的东西时，会做出一些简化的假设，尽管实际上风险会更高。重要的是，马尔达西那的世界并不是因为它支持全息而被特别选择出来的。恰恰相反，全息是从数学中衍生出来的一种特性。

我们可以通过考虑一个二维的玩具宇宙来体现马尔达西那研究工作的本质。^V 玩具宇宙的空间几何与普通平直空间的几何并不相同，它的几何是双曲的。图 13.2 展示了一个二维双曲空间的美丽投影，它被称为庞加莱圆盘。荷兰艺术家埃舍尔广泛使用了这种投影，我们在图中也加入了他著名的"圆之极限I"。就像彭罗斯图一样，这些投影中所表示的空间也是无限的，并且存在大量的失真，从而能将无穷远带到页面上有限的位置。例如，埃舍尔的鱼的

||||||||||||||||||||||||||||||||||||||||||||||

V. 马尔达西那的原始计算是在弦理论中进行的，涉及一个十维时空，其中五个空间维度是蜷缩起来的，剩下的是一个具有四维边界的五维双曲空间。自 1997 年以来，还有很多其他的全息原理的例子，其中会涉及更少的时空维度。

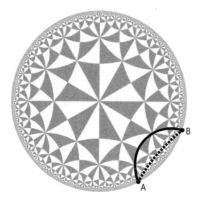

[13.2]

[13.2] 二维双曲空间的庞加莱圆盘
投影。尽管看起来不像，但左图中从 A
到 B 的实线比虚线短。你可以通过数
三角形的个数看出这一点。右边是埃舍
尔的"圆之极限 I"。所有的鱼都具有
相同的大小和形状，而线也都是最短线。
这个图案为我们提供了空间度规的视觉
表示（我们可以通过数鱼或三角形的个
数来确定距离），就像坐标纸上的正方
形展现了欧几里得空间的度规一样。

[13.3] 在二维空间的情况下，反德西
特时空的彭罗斯图。圆柱体无限长，边
界是类时的。一些塌陷的物质（在底部）
会形成一个黑洞，随后通过发射霍金粒
子（在顶部）而蒸发。全息的思想是，
可以使用定义在边界上的无重力量子理
论来描述黑洞的形成和蒸发。

大小都是相同的，并且铺满了无限的
双曲空间。它们在代表无穷远的圆盘
边缘看起来更小，是因为当我们从中
心向外移动时，会将空间缩小。庞加
莱圆盘投影也是一个共形投影，这意
味着小东西的形状被忠实地再现（例
如，鱼眼总是圆形的）。

现在让我们加入时间。图 13.3 是
堆起来的庞加莱圆盘，每个圆盘都是
一个时间切片（尽管我们只画出了两

黑洞

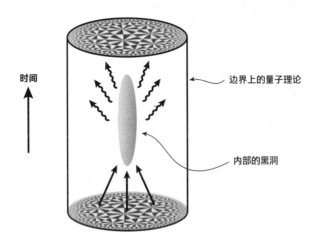

时间

边界上的量子理论

内部的黑洞

[13.3]

个)。时间从圆柱体的底部向上流动。这个时空被称为"反德西特时空",简称AdS。对于下面的内容,将AdS圆柱体想象成一个类似锡罐的东西,具有边界和内部。马尔达西那证明了,完全定义在圆柱体边界上的没有引力的理论,恰好等价于定义在内部时空中的有引力的完全不同的理论,从而引发了对全息理论的一连串理解。换句话说,内部是边界的全息投影。马尔达西那写下了证明这个模型宇宙中精确的——对应的方程式,从而给出了全息原理的第一个具体实现。

想要理解其中的关键思想,我们并不需要知道AdS/CFT对应的细节。CFT这个缩写的意思是"共形场论",指的是一类量子理论,类似于用来建立粒子物理学模型的理论。[VI] 它代表一个包含了粒子、纠缠和真空态的量子理论。这个量子理论描述了一个完全位于圆柱体边界上的物理系统。如果你想要一张图片，可以想象一下由到处运动的粒子组成的气体。

当边界上的量子系统处于纯真空态，也就意味着没有粒子，内部时空就是**AdS**。现在想象一下，在边界上产生粒子来组成气体。令人惊讶的是，内部时空中出现了一个黑洞。图 13.3 中展示了这一点，其中内部黑洞的形成和蒸发可以用圆柱体边界上的无引力理论进行双重描述。因此，引力是边界系统的量子力学所涌现的结果。

我们可能会问这两种描述中哪一种是真实的。黑洞真的存在吗？抑或这只是边界物理的全息图？或者也许恰好相反，边界物理并不是真实的，只是一种描述黑洞的巧妙方法。试图弄清楚什么是"真实的"，也许会陷入一个长期困扰物理学家的陷阱，因为它只会让你钻牛角尖却又没有得到更深刻的见解。世界上有很多人都可以做这件事，但其中的物理学家却很少，因此我们也许应该界定自己的研究范围——仅解释自然现象，而将探究终极真相的问题留给其

IIIIIIIIIIIIIIIIIIIIIIIIIIIIIIIIIIIIIIIIIIIIIIIIIIII

VI．马尔达西那最初考虑的特定 CFT 与 QCD 相似，QCD 是描述夸克和胶子之间强相互作用的理论，并且利用这种相似性取得了一些成功，可以使用双重引力理论对 QCD 进行预测。

他人。所以全息原理可以看作是互补原理的一种实现。对世界有两种等价的描述，并且因为它们是等价的，所以不会有矛盾：在一种描述中正确的结论在另一种描述中也是正确的。这就是全息原理的力量，而马尔达西那发现了它的精确数学实现。

在过去的 25 年中，这种将量子物理中的问题映射到引力中的等价问题的技术已被证明是非常成功的。我们发现，在许多情况下，这个对应关系中一侧的复杂问题已经用另一侧的方法得到了解答。从这个角度来看，马尔达西那发现了一个实用的工具，而我们正在学习使用这种工具，用表面看起来是物理学某个领域的技术，来解决另一个完全不同领域的有趣问题。这就是马尔达西那的论文被引用这么多次的原因之一：它非常有用。它也很深刻，回答了在黑洞蒸发过程中信息是否丢失的问题。

图 13.3 说明了 AdS/CFT 对应是如何证明信息必须从黑洞中出来的。最初并没有黑洞（圆柱体的底部）——只是一堆东西在引力作用下坍缩。黑洞形成，然后蒸发掉，只（在圆柱的顶部）留下了一堆霍金粒子。现在我们来关注对偶的描述。对应关系的另一侧认为，整个过程可以通过一种由粒子构成的气体来描述，这些粒子是在无引力边界上根据普通量子力学规则演化的。因为边界理论和内部理论之间存在精确的一一对应关系，所以如果信息在一个理论中守恒，那么就必须在另一个理论中也守恒。而关键在于，边界理论

是一个纯量子理论，这就意味着信息必然是守恒的。因此，内部的引力过程也一定会保证信息守恒，在我们目前讨论的这种情况下，引力过程就是黑洞形成和蒸发的过程。正是由于这一点，霍金在他和索恩、普雷斯基尔的打赌中认输，并接受了信息确实会从黑洞中出来的事实。他被马尔达西那的**AdS/CFT**论文说服了。

14.

溪流中的岛屿

Islands in the Stream

通过发现AdS/CFT对应关系，马尔达西那明确地回答了信息是否可以从黑洞中逃脱的问题。答案是可以。不过……我们还需要了解霍金的计算出了什么问题。●杰弗里·佩宁顿[45]

是什么使得边界时空的量子理论能够编码内部的现象？全息是如何发挥作用的？值得注意的是，正如我们将在本章中看到的那样，内部空间似乎是由边界上的量子纠缠制造出来的。换句话说，当前的研究似乎意外地发现这样一种观念，即空间不是基本的，

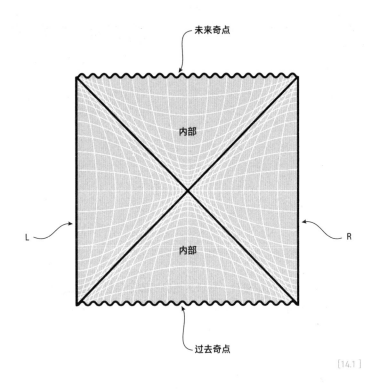

过去奇点

[14.1]

而是从量子理论中涌现出来的东西：量子引力之谜最终可能会得到解答，而量子力学则会产生引力。

在第六章中，我们遇到了最大扩展的史瓦西时空，可以把它理解为代表由虫洞连接的两个宇宙。可惜的是，我们注意到科幻小说家所钟爱的大型可穿越虫洞并不存在于真正的黑洞中，因为黑洞的内部包含来自坍缩恒星的物质。但我们确实说过"微观虫洞可能是时空

[14.1] 一个双边黑洞。

结构的一部分"。现在是时候让我们沿着这条线索走下去了。

图 14.1 显示了一个永恒黑洞的彭罗斯图，它与我们在第六章（见图 6.2）中研究过的最大扩展史瓦西黑洞非常相似。不同之处在于，这个黑洞位于AdS时空中。有人可能会问，为什么不关注和我们的宇宙更相似的宇宙，而是关注AdS宇宙。答案是，如果可以的话，我们会这样做的，但目前为止我们还不知道该怎么做。而马尔达西那的AdS/CFT对应是我们手头上最容易理解的模型。在撰写本书时，该领域的大多数专家认为，这些潜在的想法在我们的宇宙中也应该是成立的。

上下两个三角形区域代表黑洞的内部，[I]以事件视界与未来和过去的奇点为边界。图中标记为L和R的边就是AdS时空的边界。就像史瓦西的情况一样，左右两侧的三角形区域是黑洞外部的整个时空，并且通过虫洞连接在一起。AdS/CFT对应关系告诉我们，我们可以用位于左右边界上的两个量子场论（CFTs[II]）来描述这个彭罗斯图的内部。用行话来说，内部的时空是这两个量子理论的全息对偶。

重要的是：两个CFT必须最大程度地互相纠缠才能描述这种时

||||||||||||||||||||||||||||||||||||||||||||||||

Ⅰ．实际上如第六章所示，底部的三角形是白洞的内部。
Ⅱ．在接下来的内容中，我们将大量使用 CFT 这个缩写。你可以将其简单地视为没有引力作用的粒子组成的气体。

空。如果两个CFT没有纠缠在一起，就不会产生虫洞，而是会产生在两个独立宇宙中互不相连的黑洞。当我们允许两个理论纠缠在一起时，虫洞就会出现。换句话说，纠缠构建了将两个宇宙连接在一起的虫洞：量子纠缠和虫洞齐头并进。这是量子理论和引力之间的一个非常重要的联系。

为了进一步探索这种联系，我们将介绍全息中出现的一个核心思想：**笠-高柳猜想**（下面简称RT猜想）。[46] 这是由日本物理学家笠真生和高柳匡在 2006 年发现的，RT猜想已经被证明在各种不同的情况下都是正确的。它之所以重要，是因为它让量子纠缠与时空几何之间的联系变得可计算。

在图 14.2 中，我们绘制了一个嵌入图，表示通过图 14.1 中的双边黑洞的中间的切片。这就像第六章中的虫洞图一样。两个CFT位于标记为L和R的圆上（这些圆就是图 14.1 中左右竖线上的点）。RT猜想认为，L上的量子理论和R上的量子理论之间的纠缠熵等于将内部空间一分为二的最短曲线的长度。换句话说，如果没有纠缠，纠缠熵将为零，且没有分割曲线，也没有虫洞。在这种情况下，这两个量子理论是不连通的，也没有空间将它们连接起来。在最大纠缠的情况下，虫洞会出现，而最短曲线正如图 14.2 所示：它就是视界，并且环绕在虫洞最窄的地方。

这个结果应该引起人们的注意。如果我们通过添加另一个空

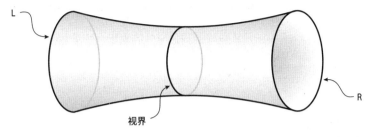

间维度来使讨论变得更加真实（我们现在无法将虫洞可视化），那么CFT将存在于作为三维空间边界的一个球面上。而两个CFT之间的纠缠熵等于连接它们的虫洞喉部的面积。回顾一下第六章，在虫洞最短时，它就等于黑洞视界的面积。这听起来很像贝肯斯坦的结果：黑洞视界的面积等于它的热力学熵。而在这里，RT猜想告诉我们，事件视界的面积由两个量子理论之间的纠缠熵给出。

这个结论值得重复。我们从两个孤立的量子理论开始，每个理论都描述了一堆粒子。如果这两个理论没有纠缠，那么这两个理论就描述了两个互不关联的宇宙。与第十三章一样，这两个理论仍然各自具有相应的全息对偶，但是它们在其他方面是完全不连通的。相反，如果我们建立数学模型，使两个理论相互纠缠，全息就会告诉我们，其对偶的描述就是一个虫洞。而RT猜想将

[14.2] 图14.1中虫洞的快照。边界 L 和 R 上的点就是图中的圆，而其内部是二维曲面。视界是把虫洞分成两半的最短曲线。视界的长度决定了 L 和 R 上两个量子理论之间的量子纠缠的程度。

两个量子理论之间的纠缠熵（我们可以只用量子理论来计算）与虫洞的几何形状相关，尤其是与虫洞最窄处的面积（即黑洞视界的面积）相关。

纠缠产生空间

尽管熵、纠缠和几何之间的这些联系最初是在黑洞的研究过程中发现的，但现在人们认为它们是更普适的。在加拿大物理学家马克·范·拉姆斯登克 2010 年的获奖论文《用量子纠缠构建时空》中，他写道："我们可以通过令自由度互相纠缠而连接时空，也可以通过解除纠缠撕裂时空。令人着迷的是，固有的量子纠缠现象似乎对经典时空几何的出现至关重要。"拉姆斯登克所说的"自由度"指代粒子、量子比特或任何量子理论中的"移动部分"，至于"连接"或"撕裂"时空，他所指的是纠缠不仅与几何有关，而且是其基础。思路就是这样。

在图 14.3 左上方，我们展示了一个球，在球的边界上是一个处于真空态的量子理论。如果你记得的话，真空是高度纠缠的。我们把边界分成两部分，标记为L和R。边界左侧的真空与右侧的真空纠缠在一起。RT猜想认为，边界上这两个区域之间的纠缠程度等于可能的曲面中面积最小曲面（被称为"极小曲面"）的面积，这个曲面也划分了相应的内部空间。这个分割面在图中用带阴影的

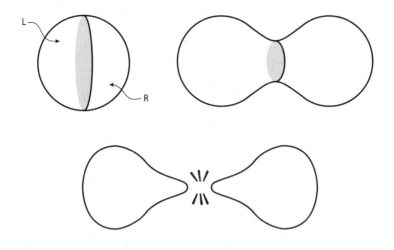

圆盘表示。这里没有黑洞——只有被球面包围的空间。现在假设我
们可以减少边界上的纠缠程度。根据RT猜想，分隔两个区域的曲
面的面积也必须减小，这意味着两个区域会像图的右上方一样连接
在一起。如果纠缠进一步减小到零，那么内部就会分裂为两个不相
连的区域，如下图所示。空间只存在于每个泡泡的内部区域，并没
有连接两个泡泡的空间。因此我们会看到内部空间（体空间）的几
何也随着我们改变空间边界上的量子理论中的纠缠程度而变化。但

正如爱因斯坦教给我们的那样，空间
的几何就是引力。这是RT猜想的关键
本质：引力由纠缠决定。

[14.3] 随着球的两半之间的纠缠减
少，体空间的两部会逐渐分开，并最
终分裂成两个不相连的区域。

顺便说一句，RT猜想还为我们提供了之前在AMPS火墙悖论中提到的一些见解。这个悖论的本质是关于打破量子真空在事件视界上的纠缠所产生的影响。我们声称，这无异于撕开一片空旷的空间。我们在图 14.3 中以一种不同的方式看到了这种效应。在这里，如果我们关闭边界上量子场论的两个区域之间的纠缠，就会将内部空间切成两部分。

　　我们可能还瞥见了一些隐藏得更深的东西：一种新的看待量子纠缠的方式。我们先不考虑空间的边界上两个CFT之间的纠缠，而是讨论更简单的两个粒子之间的纠缠。这个想法被称为ER = EPR猜想，它断言我们可以将这两个粒子想象成通过类似于虫洞的东西连接在一起。这个由胡安·马尔达西那和莱纳德·萨斯坎德在 2013 年提出的猜想[47]，很好地借鉴了范·拉姆斯登克的工作。方程的ER指的是爱因斯坦–罗森桥（虫洞），而EPR指的是爱因斯坦、鲍里斯·波多尔斯基和内森·罗森试图解释量子纠缠时所做出的著名分析。[48] 正如两个黑洞之间的爱因斯坦–罗森桥是由量子纠缠产生的，所以用马尔达西那和萨斯坎德的话来说："我们很容易会联想到，任何EPR相关的系统都是通过某种形式的ER桥连接起来的，尽管这种桥通常可能是一个尚未定义的高度量子化的物体。事实上我们推测，即使是最简单的由两个自旋构成的单重态也可以通过这种类型（非常量子化）的桥连接起来。"

溪流中的岛屿[III]

现在是时候回到黑洞和我们之前留下的一条重要线索上来了。马尔达西那表明，信息是可能从黑洞中出来的，这对斯蒂芬·霍金来说就足够了。然而，当霍金在打赌中认输时，没有人知道信息是如何出来的。并且一个密切相关的问题是，没有人知道霍金在 1974 年给出的原始计算中有什么错误。直到 2019 年，理论物理界的状况都是如此。突破来自两个独立的小组，他们能够用"老式"物理学（广义相对论和量子力学）推导出最重要的佩奇曲线。[49]计算结果支持了全息原理，即远处的霍金辐射和内部的霍金辐射是同一个事物的两个版本。值得注意的是，佩奇曲线可以使用"老式"物理学推导出来，这也暗示了爱因斯坦的引力理论对自然的基本运行的了解比我们之前所认为的要多得多。我们在第十章中遇到的黑洞力学定律是广义相对论这种隐藏深度的另一个显著例子。它们向我们揭示了这个理论对潜在的微观物理学也有所了解，因为霍金的面积定理就是热力学第二定律的伪装。

2019 年的这篇论文中伟大的想法是，对于一个老黑洞（比佩奇时间更老的黑洞），黑洞内部的一部分实际上是在外部。这种内部–外部同一性的所有后果仍有待理解，但正如我们现在将看到的

III. 在此感谢斯旺西大学的 T. 霍洛伍德、S. 普雷姆·库玛、A. 勒格拉曼迪和 N. 塔尔瓦尔在 2021 年的论文（J. High Energy Phys. 2021(11):67）。也向多莉·帕顿和肯尼·罗杰斯表示感谢。

那样，**RT**猜想和**ER = EPR**猜想都在发挥作用。

在图 14.4 中，我们展示了一个正在蒸发的黑洞的彭罗斯图中的有趣部分。[IV]霍金辐射沿着 45 度的类光轨迹流向未来类光无限远，而其伴粒子则在视界内沿着类似的轨迹运动。在爱因斯坦的理论中，这些伴粒子必定会撞向奇点；但是在新的计算中，则会发生一些更戏剧化的事情：视界后面的伴粒子最终到了外面。

让我们首先看看这是如何推导出佩奇曲线的。想象一个远离黑洞的人坐在固定的距离之外收集霍金辐射。这个观测者的轨迹是彭罗斯图上的波浪线（你或许可以通过观察图 5.1 上的史瓦西坐标网格来验证这一点）。假设我们的观测者收集了在某个时刻t之前发出的所有辐射。我们将把这种辐射统称为R。我们的兴趣是了解他们收集的辐射与黑洞之间的纠缠熵。如果t足够大，黑洞将会蒸发掉，观测者将收集到所有霍金辐射。在这种情况下，如果所有信息都出来了，那么纠缠熵就应该降为零。而这正是新的计算中所发生的事情，也是霍金的计算中没有发生的事情。

两种计算之间的本质区别在于视界内标为"岛"的阴影区域。这个岛是时空中的一个特殊区域。它的存在以及它的位置就是 2019年这篇论文的主题。实际上岛的位置是由我们观测者所收集的辐射

||||||||||||||||||||||||||||||||||||||||||||||||||||||||||||

IV． 特别感谢蒂姆·霍洛伍德在这个图和图 14.6 上的见解和帮助。

黑洞

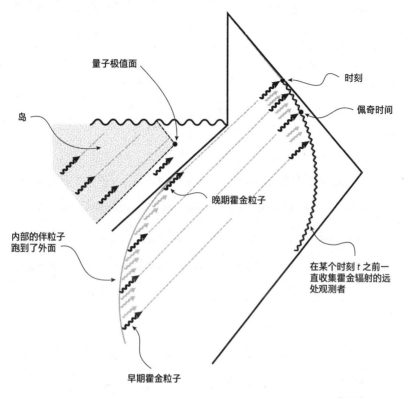

量子极值面

岛

时刻

佩奇时间

晚期霍金粒子

内部的伴粒子
跑到了外面

在某个时刻 t 之前一
直收集霍金辐射的远
处观测者

早期霍金粒子

[14.4]

量决定的。如果时间 t 小于佩奇时间，
就没有岛。佩奇时间之后，岛就出现
了。岛是如何通向佩奇曲线的呢？

在岛的右端是彭罗斯图上的一
个点，我们将其标记为量子极值面

[14.4] 彭罗斯图的一部分对应于一个
蒸发黑洞。摆动的箭头表示霍金粒子
和数量相同的与之纠缠的伴粒子（一个
在事件视界外面，而它的伴粒子则在里
面）。图中指出了与辐射 R 相对应的
量子极值曲面与它的岛（阴影区域）。
岛上的内部伴粒子应当被视为 R 的一
部分。

（QES）。与我们绘制的所有彭罗斯图一样，这个点对应于空间中的一个球面。[V] 现代的计算为我们提供了一个公式，可以根据这个面的面积计算纠缠熵:

$$S_R = \frac{QES的面积}{4} + S_{SC}$$

S_{SC}就是霍金所计算的霍金辐射的纠缠熵，但有一个非常重要的区别。计算要求我们还应该在计算中包括岛内的霍金伴粒子。这是一个伟大的新想法。在霍金最初的计算中，他忽略了该岛的存在。在佩奇时间之前，也就是当我们的辐射少于一半时是没有岛的，因此霍金的计算就是正确的。这给出了图 14.5 中再次展示的佩奇曲线中上升的部分。佩奇时间之后，岛就出现了，而其QES非常接近视界。

新的想法告诉我们，当计算纠缠熵时，我们必须考虑岛内的霍金粒子。这些在黑洞内部的粒子会与它们在外部的伙伴"重新结合"；而一旦重新结合，它们对纠缠熵的总贡献就是零。[VI]

||||||||||||||||||||||||||||||||||||||||||||||||

V. 要理解我们的彭罗斯图上的一个点是某个时刻的一个球面，你需要记住的是彭罗斯图上的每一个点都不仅仅代表某个时刻空间中的一个点，而是所有在这个时刻空间中具有相同的史瓦西半径 R 的点，而这是一个球面。

VI. 当纠缠对的一个成员在某个区域内而其伙伴在区域外时，那么它们就对这个区域的纠缠熵有贡献。相反，如果两者都在这个区域的内部（或外部），那么它们对该区域的纠缠熵就没有任何贡献。

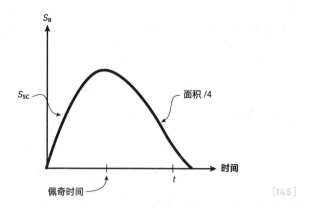

[14.5]

结果就是，岛一旦形成，霍金辐射的总纠缠熵S_R就主要由方程右侧的第一项给出，即QES的面积（除以4）。但这个值几乎就等于黑洞的贝肯斯坦−霍金熵，因为QES在靠近视界的位置。现在，由于视界的面积随着黑洞的蒸发而减小，QES的面积也就随之减小。因此纠缠熵开始下降，并且当黑洞蒸发掉时，QES（和视界）的面积也随之消失，纠缠熵会一直趋于零。这样，佩奇曲线就会在佩奇时间后开始下降，并且可以计算得出正确的佩奇曲线。这是一项杰出的物理学发现。

此时此刻，你可能对这个看起来惊人的手法持有高度怀疑的态度。我们似乎只是为了减少纠缠熵，才重新分配事件视界内的粒子并让其中一部分属于霍金辐射。这就好像我们正在随意地将拼图（第十二章中提到的）的碎片从一个桌子

[14.5] 根据岛公式，得出的辐射 R 的纠缠熵。值得注意的是，它具有与佩奇曲线相同的形状（见图 12.3）。

上转移到另一个桌子上。如果关于岛的公式只是为了重现佩奇曲线而写出来的，那么这将是一个公正的批评。但事实并非如此。恰恰相反，我们可以利用霍金最初所采用的基本物理学，也就是量子物理学和广义相对论，来推出关于岛的公式。霍金只是忽略了一个微妙的数学特性，一旦考虑了这一点，就会推导出岛的存在。

人们可能会认为对佩奇曲线的计算就是黑洞信息悖论的一个解决方案。但我们不打算就此打住。我们想知道信息是如何出来的。最近的研究表明，其物理机制与**RT**猜想和**ER = EPR**密切相关。

岛的意义

霍金辐射的纠缠熵公式与笠-高柳公式之间具有惊人的相似性。这里存在着纠缠与几何的关联吗？答案似乎是肯定的。实际上，受**ER = EPR**的启发，我们可以声称S_R的公式就是笠-高柳公式的结果。图 **14.6** 说明了这一点，它还说明了为什么一个老黑洞的内部实际上是外部。

最上面的图展示了一个年轻黑洞的情况。这是一个嵌入图，对应于右边较小的彭罗斯图中所示的时间切片。[VII] 请注意黑色和灰

||||||||||||||||||||||||||||||||||||

VII . 切片被画成一条轻微的波浪线，以表示它不是唯一的。重要的是，它向上弯曲的角度永远不会超过 45 度。否则，它在任何意义上都不会对应于"现在"的某个概念上的"全部空间"。

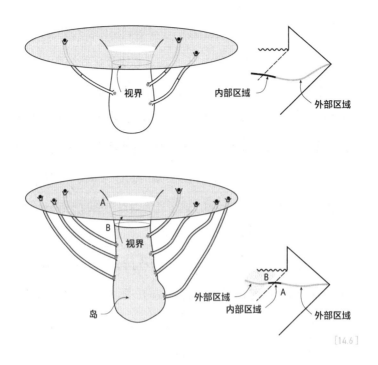

视界

内部区域

外部区域

A

B

视界

岛

外部区域
内部区域

B

A

外部区域

[14.6]

色的霍金粒子对是如何由一个微小的虫洞连接在一起的：这就是

ER = EPR的观点。粒子由一个萨斯坎德和马尔达西那所说的高度量

子化的虫洞连接在一起。在有了这些连接之后，你能否看出外部和

内部的区别已经变得模糊不清了吗？

外部区域涂有橙色的阴影，而将距黑

洞很远的所有平坦区域看作"外部"

似乎是很自然的。但虫洞内部的空间

呢？看起来我们可以沿着虫洞从外部

[14.6] 图解了岛的观点的原理。它既
证明了 ER = EPR 的观点，也证明了笠-
高柳猜想。对于老黑洞（底部），黑洞
的大部分"内部"都在外部。在这两张
图中，外部区域以阴影表示，霍金粒子
用点表示（即黑色圆点和灰色圆点）。

移动到内部。关键的问题是，我们在哪里划出内部和外部的分界线？答案由笠-高柳公式给出。我们应该寻找分割两个区域的面积最小的曲面。对于一个年轻的黑洞，最小的面积（大概[VIII]）是通过切开虫洞得到的。这些都不奇怪。但是对于一个老的黑洞来说，就会有更多的虫洞，而笠-高柳面现在就是QES。这由下面的图中标记为B的曲线来表示。QES和标记为A的曲线之间的区域在内部，而其余的灰色阴影区域在外部。这个岛恰恰是内部的一部分，更确切地说，它应该被视为外部。

这就是关于黑洞蒸发时如何将信息返回宇宙的物理图像的开端。奇点出现的情况则更具推测性。正如我们在图14.6中所描绘的黑洞内部一样，奇点似乎被与外部相连的虫洞量子网络所取代。在第五章中，我们派遣了一群勇敢的宇航员进入黑洞，而他们都在奇点处遇到了厄运。如果我们从表面上来理解这个关于黑洞的新图像，我们可以去问时间的尽头是否真的存在于宇航员的未来。想象你是其中一个宇航员。你毫无戏剧性地穿过了黑洞视界，并且面对……什么呢？根据图14.6，你将会见到一个由虫洞组成的网络，然后被潮汐力搅混，再向上爬。而属于你的信息则将通过虫洞出来，并且印在霍金辐射中。

||||||||||||||||||||||||||||||||||||||||||||

VIII．这种解释是推测性的，因为我们并不了解这些小虫洞。而 S_R 的公式则不依赖于这个推测。

15.

完美的编码
● The Perfect Code

……物质世界中的每个物体在本质上都有着非物质的来源和解释——在多数情况下处于非常深的层次。而我们所说的现实，都是通过提出"是或否"的问题并记录在设备的响应，从而产生出来的。简而言之，所有物质的起源都是信息论，这是一个参与型的宇宙。●惠勒[50]

……整个世界都连接在一起……●惠勒[51]

……时间和空间并不是物质，而是物质的顺序……●戈特弗里德·威廉·莱布尼茨量子纠缠已经成为关键的角色。到目前为止，我们一直在思考如何追踪从黑洞中出来的信息。在这种情况下，我们已经看到似乎正是纠缠创造了我们所处的空间。我们现在将了解到的是，纠缠创造空间的方式似乎非常稳健。这对我们来说也是一样的：我们不想生活在一个可能容易崩溃的空间里。

对于那些试图构建量子计算机的人来说，量子纠缠也是一种关键资源。乍一看，计算机的建造似乎与空间的出现毫无关系。在量子计算机中，纠缠是以可靠的方式对信息进行编码的主要手段，该方法可以抵御破坏性的环境因素。这个主题被称为量子纠错，是构建可运行的量子计算机的基础。这里有着相似之处：空间看起来似乎是由量子纠缠编织而成的，而其方式则与量子工程师将量子比特编织在一起以构成量子计算机的方式非常类似。这表明量子计算和现实结构之间存在着联系。我们将在本章中探讨这种联系。

时空的源代码

在图 15.1 中，我们展示了边界上具有纠缠量子理论的AdS时空的切片；这里再次出现了庞加莱圆盘。边界被分成了三部分，分别标记为A、B和C。让我们首先关注A。笠-高柳公式告诉我们，A与B和C的纠缠熵由可以划分两个区域的最短的线的长度给出。在这个AdS时空中，最短的线是一条曲线。全息原理告诉我们，

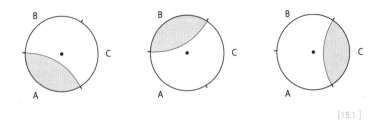

[15.1]

如果我们知道在边界（A、B和C）上发生了什么，就知道了关于内部的一切。它还告诉我们，如果我们知道在A上发生了什么，我们也就知道了在阴影区域中发生了什么，这个结论并不明显，但已经被证明了。用行话来说，阴影区域就是A的纠缠楔，因为A的量子理论完全决定了阴影"楔"中发生的事情。如图中的其余部分所示，B和C也是如此。现在考虑一个靠近圆盘中心的点（黑点）。左边的圆盘告诉我们它是由边界上的B和C编码的。中间的圆盘告诉我们它是由A和C编码的，而右边的圆盘则告诉我们它是由A和B编码的。只有当信息被冗余编码时，这三个说法才会都正确。这意味着我们可以擦除A，同时仍然知道在黑点处发生了什么；或者我们也可以擦除B或C。但我们无法擦除三个边界区域中的两个——那就太过分了。这很有趣。这意味着对于"在与黑点周围的区域相关的信息是在边界上什么地方编码的"这个问题的答案是"不在任何单个的区域（A、B或C）中，但是信息可以根据对任何

[15.1] 图解因果楔形谜题。

完美的编码

两个区域的了解来确定"。正是量子纠缠使这种信息的稳固分布成为可能。

根据全息原理，编码内部空间进行所需的信息被打乱后分布在边界上，这使其难以读取，但却非常稳固，不容易被破坏。这与计算机科学家发现的一项技术非常相似，而这一技术对于建造可运行的量子计算机至关重要。在撰写本文时，最大的量子计算机是由大约 100 个纠缠量子比特组成的网络。这些计算机的潜力是巨大的，因为可以执行计算的"空间"随着量子比特的数量呈指数增长，利用量子纠缠作为信息资源。这些有 100 个量子比特的量子计算机可以在几分钟内完成的计算，对于传统的超级计算机来说所需的时间超过了当前宇宙的年龄。

建造大规模量子计算机的最大挑战之一是防止量子比特与其周围的环境发生纠缠。鉴于我们对纠缠和量子信息的了解，这很明显将是一件坏事，因为信息将从计算机内"泄漏"到周围环境中，而计算机将无法工作。完美的隔离是无法实现的，因此需要一种方法来保护计算机编程所需的重要量子比特：一种对信息进行编码并使其难以被破坏的方法。这可以通过利用量子纠缠以一种稳固的方式对信息进行编码来实现。这就是量子纠错。

经典纠错是我们日常技术中的一个常规部分。例如，二维码会对信息的多个副本进行编码，从而使得即使其中相当大的一部分被损毁后，仍然可以对信息进行解码。但量子计算机不能依赖于存储信息的多个副本，因为正如我们所看到的，量子不可克隆定理阻止了量子信息被复制。解决方案是设计一种量子电路，该电路以冗余的方式对重要信息进行编码，而无需进行复制；而编码方式则可以稳固地抵抗与环境的相互作用。事实证明，后者相当于要求将信息打乱，从而使其在某种意义上对环境保密。这就像环境只有在了解我们如何对重要信息进行编码的情况下才能破坏它。如果我们把信息充分打乱，那么环境就无法破解编码。我们在扩展阅读 15.1 中给出了冗余、非局部信息编码的一个非量子的例子。

▨ 扩展阅读 15.1　　编码信息

假设我们要将三位数组合编码为安全的（abc）。一种方法是利用函数 $f(x) = ax^2 + bx + c$。要破解编码，就需要知道 a、b 和 c 的值。通过给每个人一对数字，分别是某个特定的 x 和相应的 $f(x)$，就可以在一大群人中隐藏这些信息。要破解编码，我们必须询问房间中的任意三个人，从而获取他们得到的由 x 和 $f(x)$ 组成的一对数字。这就足以确定 a、b 和 c 了。这个共享秘密的方案是一种以非局部的方式对信息进行冗余编码的方法。这个方法非常稳固，可以预防人员丢失的情况：只要我们至少还有三个人，就可以获得编码。

对于那些想要建造量子计算机的人来说，挑战在于发明一种紧凑的设备，以便在更大的量子比特块内编码一个量子比特（或一

堆量子比特）；这样我们想要的量子比特就是安全的，即使外部的量子比特由于和环境的相互作用而被破坏。纠错就是试图用冗余和保密的最佳组合来实现这一目标。我们现在就可以理解它与全息的联系了，因为我们在**AdS/CFT**的背景下讨论的编码就是冗余和保密的完美组合。[52] 在全息中，边界会以一种冗余的方式编码内部空间，因为我们可以在不丢失内部信息的情况下擦除部分边界。它还以一种难以解码的方式存储信息，因为信息是通过量子纠缠非局域地进行打乱和编码的。如果要摧毁内部空间（像范·拉姆斯登克所想的那样），我们需要摧毁很大一部分边界，而不仅仅是一小部分边界。

2015 年，费尔南多·帕萨夫斯基、吉田红、丹尼尔·哈洛和普雷斯基尔[53] 设计了一种量子比特网络的排列，可以在边界上对网络内部的信息进行冗余编码。这正是我们在全息背景下所讨论的情况。这种编码被称为**HaPPY码**（用作者的首字母命名），图 **15.2** 中给出了对应的示意图。外部环绕的圆是量子比特，五边形内部的圆也是量子比特。在量子计算机中，边界上的量子比特是最容易受到环境威胁的量子比特。五边形内部的量子比特是计算机将用于其

||||||||||||||||||||||||||||||||||||||||||||||||||||||||||||||

1. 艾哈迈德·阿姆黑利、董希和丹尼尔·哈洛首先弄明白了这一点，他们在 2015 年指出了 AdS/CFT 与量子纠错的联系。

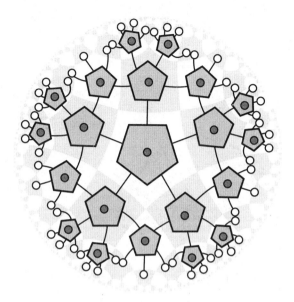

运行的量子比特，由于网络的结构，这些量子比特会更加安全。五边形是将输入其中的六个量子比特纠缠在一起的装置。它们的运行使得其中任意三个量子比特与另外三个量子比特都是最大程度地纠缠在一起的。这意味着由中央量子位编码的信息的稳固性足以抵抗周围多达三个量子比特的消除。

这张图展示了一个只有几层的五边形构成的网络。你可以（从下面的阴影图案中）看到五边形互相连接的方式，是与庞加莱圆盘的双曲铺砌方式相匹配的。我们可以通过将外部的量子比特再向外移

[15.2] HaPPY 全息五边形编码。

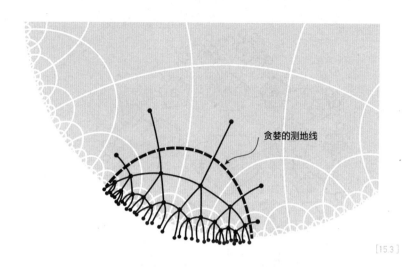

贪婪的测地线

[15.3]

动一层来增加更多的层。五边形在图上看起来很小，但并不代表它们在实际中很小。作为物理设备，五边形可以都是相同的大小。重要的是它们联网的方式，而这是由潜在的双曲几何所控制的。正如我们现在将看到的，这种双曲连接是一个重要的特性。

HaPPY码的令人兴奋的特性在于它复现了AdS/CFT最重要的特性，特别是笠-高柳公式的结果。我们在图 15.3 中对此进行了说明。每个黑点代表一个量子比特。假设我们知道边界上"悬挂"的量子比特的态。如果来自三个已知的量子比特的线进入一个五边形，那么我们也就知道了另外两个量子比特以及中心量子比特的态。来自外部五边

[15.3] 贪婪的测地线的长度由其穿过的网络中的腿的数量所定义。从悬挂在外部的物理量子比特开始，我们可以向内移动，来重构标记为五边形内部的黑点的内部逻辑量子比特。

黑洞

形的量子比特会连接到相邻的内部五边形中。当我们向内并重复这一过程时，我们总是能知道连接到每个五边形的所有量子比特，直到我们遇到一个少于三个输入的五边形。到此为止，我们不能再深入了。边缘上的量子比特也不再为内部的那个部分编码。当我们到达这个阶段时，我们穿过的线被称为"贪婪的测地线"，就是图中所示的虚线。它标记出了由边界上悬挂的量子比特所完美描述的内部区域的部分。这也是连接包含了悬挂的量子比特的边界区域的边缘，可以画出的通过内部的最短的线。值得注意的是，边界区域中的量子比特与边界的其余部分之间的纠缠的程度等于贪婪测地线在网络中穿过的连接的数量。这就是笠-高柳的结果。

这里的宝石——也就是关键点——在于HaPPY码是一个量子比特网络，然而它揭示了我们在黑洞背景下所讨论的物理学的特性。试着想象一下HaPPY码，在非量子比特所嵌入的空间。这里没有空间，只有纠缠的量子比特。我们知道对编码有一种用几何语言所进行的等价描述，这就是我们一直用来使它可视化的方法：它就是庞加莱圆盘的双曲几何。换句话说，我们连接量子比特的方式产生了一个涌现出的双曲几何。距离的概念从我们在网络中通过的连接的数量中产生，也就是说距离是通过计算被切断的连接的数量来定义的。虽然这听起来令人惊讶，但请让我们想象一下，我们所生活的空间是由小到无法用实验探测的基本量子纠缠单元构成的纠缠网络构成的。实际上，我们对这些纠缠单元产生出我们所看到的物理现象的方式非常敏感，包括产生出空间本身这个想法也是如此。这是一个了不起的发展，而且肯定是约翰·阿奇博尔德·惠勒会赞成的想法。

那么，现实是什么？

我们生活在一个巨大的量子计算机中吗？越来越多的证据表明可能确实是这样。多年来，对黑洞的研究一直是一项把理论物理学家逼入绝境的脑力活动。但是在过去的十年左右的时间里，很大程度上得益于对快速发展的量子信息领域的研究的推动，人们对全息的理解掀起了一阵热潮，并形成了一种共识。人们认为全息将继续存在下去，而且它与量子纠错有许多相似之处。

生活在一个类似于巨型量子计算机的宇宙中，是否表明我们是生活在某个超级智慧的计算机游戏中的虚拟造物？可能并非如此。我们没有理由建立这样一种联系。相反，在我们追求引力的量子理论——这一蓝色天空中最蓝的研究时，我们似乎已经瞥见了世界的更深层次，而理解这个更深的层次可能对我们设计量子计算机非常有用。这在科学史上已经发生过很多次了。我们不断地发现大自然已经利用过的技术。这些技术在科技上对我们很有用也就不足为奇了：大自然似乎是最好的老师。

量子计算和量子引力之间这种难以置信的联系引发了诱人的新可能性。量子引力研究的未来可能会有实验的一面，而这在几年前还被认为是极不可能的。也许我们可以使用量子计算机在实验室中探索黑洞的物理。这两个领域之间的这种深刻的关系是双向的。反过来，纯粹的黑洞研究和大规模量子计算机的发展之间也可能会有很多重叠，这些设备将对我们的经济和文明的长期未来产生巨大的好处。也许不久之后，我们就无法想象一个没有量子计算机的世界，就像我们今天已经无法想象一个没有经典计算机的世界一样。

　　这是为了研究而研究的最终证明：科学和技术中两个最大的问题已经被证明是密切相关的。建造量子计算机的挑战与写下正确的量子引力理论的挑战非常相似。这就是为什么我们要继续支持最深奥的科学研究的重要原因之一。没有人能够预料到这样的联系。

　　凡·高写道："在清楚地意识到天上的星星和无限之后，才发现生活看上去如此迷人。"对黑洞的研究吸引了过去 100 年来许多最伟大的物理学家，因为物理学既是对理解的探索，也是对魅力的探索。对理解天空中的无限的追求，最终导致了一个全息宇宙的发现，而它的奇异和逻辑之美都令人着迷，这也突显了凡·高的洞察力。也许当人类致力于探索崇高的事物时，不可避免地会遇到令人着迷的事情。但这也非常有用。

致谢

● Acknowledgements

我们非常感谢众多同事、家人和朋友的帮助和支持。我们要特别感谢鲍勃·狄金森、杰克·奥尔金、蒂姆·霍洛伍德、罗斯·詹金森、马克·兰开斯特、杰兰特·刘易斯、克里斯·莫兹利、彼得·米林顿和杰夫·潘宁顿提出的许多有益的意见和讨论。我们也感谢曼彻斯特大学和英国皇家学会给予的支持。我要感谢迈尔斯·阿奇博尔德和哈珀·柯林斯出版社的团队，以及黛安·班克斯、马丁·雷德芬和苏·莱德。最重要的是，我们要感谢家人——玛丽克、弗洛伦斯、伊莎贝尔、莱尼和蒂莉，还有吉亚、乔治和莫。谢谢大家。

黑洞

尾注

● Endnotes

1. Hawking, S. W. and Ellis, G. F. R. (1973), *Th e Large Scale Structure of Space-Time* (Cambridge University Press, Cambridge).

2. Einstein, A. (1939), 'On a Stationary System with Spherical Symmetry Consisting of Many Gravitating Masses', *Ann. Math. Second Series*, 40(4):922–936.

3. Montgomery, C., Orchiston, W. and Whittingham, I. (2009), 'Michell, Laplace and the Origin of the Black Hole Concept', *J. Astron. Hist. Herit.*, 12(2):90–96.

4. Fowler, R. H. (1926), 'On Dense Matter', *MNRAS*, 87:114–122.

5. Chandrasekhar, S. (1931), 'Th e Maximum Mass of Ideal White Dwarfs', *Astrophys. J.*, 74:81–82.

6. Oppenheimer, J. R. and Snyder, H. (1939), 'On Continued Gravitational Contraction', *Phys. Rev. Lett.*, 56:455.

7. Wheeler, J. A. with Ford, K. (2000), *Geons, Black Holes, and Quantum Foam. A Life in Physics* (W. W. Norton & Co., New York).

8. Fuller, R. W. and Wheeler, J. A. (1962), 'Causality and Multiply Connected Space-Time', *Phys. Rev.*, 128:919–929.

9. Penrose, R. (1965), 'Gravitational Collapse and Space-Time Singularities', *Phys. Rev. Lett.*, 14:57.

10. Hawking, S. W. (1974), 'Black Hole Explosions?', *Nature*, 248: 30–31.

11. Wigner, Eugene P. (1960), 'Th e Unreasonable Eff ectiveness of Mathematics in the Natural Sciences', *Comm. Pure Appl. Math.*, 13:1, 1–14.

268 BLACK HOLES

12. Taylor, E. F., Wheeler, J. A. and Bertschinger, E. W. (2000), *Exploring Black Holes* (Pearson, New York).

13. Page, D. N. (2005), 'Hawking Radiation and Black Hole Th ermodynamics', *New J. Phys.*, 7:203.

14. Hawking, S. W. (1975), 'Particle Creation by Black Holes', *Comm. Math. Phys.*, 43:199–220.

15. Misner, C. W., Th orne, K. S. and Wheeler, J. A. (1973), *Gravitation* (Princeton University Press, Princeton).

16. Hafele, J. C. and Keating, R. E. (1972), *Science*, 177(4044):168.

17. Misner, C. W., Th orne, K. S. and Wheeler, J. A. (1973), *Gravitation* (Princeton University Press, Princeton).

18. Hamilton, A. J. S. and Lisle, J. P. (2008), 'Th e River Model of Black Holes', *Am. J. Phys.*, 76:519–532.

19. Einstein, A. and Rosen, N. (1935), 'Th e Particle Problem in the General Th eory of Relativity', *Phys. Rev.*, 48:73.

20. Taylor, E. F., Wheeler, J. A. and Bertschinger, E. W. (2000), *Exploring Black Holes* (Pearson, New York).

21. Morris, M., Th orne, K. and Yurtsever, U. (1988), 'Wormholes, Time Machines and the Weak Energy Condition', *Phys. Rev. Lett.*, 61(13):1446–1449.

22. Hawking, S., Th orne, K., Novikov, I., Ferris, T., Lightman, A. and Price, R. (2002), *The Future of Spacetime* (W. W. Norton & Co., New York).

23. Droz, S., Israel, W. and Morsink, S. M. (1996), 'Black Holes: the Inside Story', *Phys. World*, 9(1):34.

24. Chandrasekhar, S. (1987), *Truth and Beauty* (University of Chicago Press, Chicago).

25. Wheeler, J. A. with Ford, K. (2000), *Geons, Black Holes, and Quantum Foam. A Life in Physics* (W. W. Norton & Co., New York).

26. Abbott, J. (1879), 'Th e New Th eory of Heat', *Harper's New Monthly Magazine*, XXXIX.

27. Atkins, P. (2010), *Th eLaws of Th ermodynamics: A Very Short Introduction* (Oxford University Press, Oxford). ENDNOTES 269

28. Letter to John William Strutt, Baron Rayleigh, dated 6 December 1870.

29. Goodstein, D. L. (2002), *States of Matter* (Dover Publications, New York).

30. Feynman, R. P. (1997), *Th e Character of Physical Law* (Random House, New York).

31. Hawking, S. W. (1974) 'Black Hole Explosions?', *Nature*, 248: 30–31.

32. Bardeen, J. M., Carter, B. and Hawking, S. W. (1973), 'Th e Four Laws of Black Hole Mechanics', *Comm. Math. Phys.*, 31(2):161–170.

33. Hawking, S. W. (1974) 'Black Hole Explosions?', *Nature*, 248: 30–31.

34. From the Proceedings of the third International Symposium on the Foundations of Quantum Mechanics, Tokyo, 1989.

35. Fulling, S. A. (1973), 'Nonuniqueness of Canonical Field Quantization in Riemannian Space-Time', *Phys. Rev., D.*, 7(10): 2850. Davies, P. C. W. (1975), 'Scalar Production in Schwarzschild and Rindler Metrics', *Phys. A.*, 8(4):609.

Unruh, W. G. (1976), 'Notes on Black-hole Evaporation', *Phys. Rev. D.*, 14(4):870.

36. Black hole complementarity was fi rst introduced in a paper written in 1993 by Leonard Susskind, Lárus Th orlacius and John Uglum, following earlier work by Gerardus 't Hooft. Susskind, L., Th orlacius, L., Uglum, J. (1993), 'Th e Stretched Horizon and Black Hole Complementarity', *Phys. Rev. D.*, 48(8):3743.

't Hooft, G. (1990), 'Th e Black Hole Interpretation of String Th eory', *Nucl. Phys. B.*, 335(1):138.

37. Susskind, L. (2008), *Th e Black Hole War* (Little Brown, New York).

38. Nielsen, M. A. and Chuang, I. L. (2010), *Quantum Computation and Quantum Information*, (Cambridge University Press, Cambridge).

39. Kwiat, P. G. and Hardy, L. (2000), 'Th e Mystery of the Quantum Cakes', *Am. J. Phys.*, 68(1):33–36.

40. Page, D. N. (1993), 'Information in Black Hole Radiation', *Phys. Rev. Lett.*, 71:3743. 270 BLACK HOLES

41. Almheiri, A., Marolf, D., Polchinski, J. and Sully, J. (2013), 'Black Holes: Complementarity or Firewalls?', *J. High Energy Phys.*, 2013(2).

42. Hayden, P. and Preskill, J. (2007), 'Black Holes as Mirrors: Quantum Information in Random Subsystems', *J. High Energy Phys.*, 2007 (9):120.

43. Susskind, L. (1995), 'Th e World as a Hologram', *J. Math. Phys.*, 36:6377–6396.

44. Maldacena, J. (1998), 'Th e Large N Limit of Superconformal Field Th eories and Supergravity', *Adv. Th eor. Math. Phys.*, 2(4): 231–252.

45. Penington, G. (2020), 'Entanglement Wedge Reconstruction and the Information Paradox', *J. High Energy. Phys.*, 2020(9):2.

46. Ryu, S. and Takayanagi, T. (2006), 'Aspects of Holographic Entanglement Entropy', *J. High Energy Phys.*, 2006(8):045.

47. Maldacena, J. and Susskind, L. (2013), 'Cool Horizons for Black Holes', *Fortsch. Phys.*, 61:781.

48. Einstein, A., Podolsky, B. and Rosen, N. (1935), 'Can Quantummechanical Description of Physical Reality be Considered Complete?', *Phys. Rev.*, 47(10):777.

49. Almheiri, A., Engelhardt, N., Marolf, D. and Maxfi eld, H. (2019), 'Th e Entropy of Bulk Quantum Fields and the Entanglement Wedge of an Evaporating Black Hole', *J. High Energy Phys.*, 2019(12):63.
    Penington, G., 'Entanglement Wedge Reconstruction and the Information Paradox', *J. High Energy Phys.*, 2020(9):2.

50. From the Proceedings of the third International Symposium on the Foundations of Quantum Mechanics, Tokyo, 1989.

51. ibid.

52. Almheiri, A., Dong, X. and Harlow, D. (2015), 'Bulk Locality and Quantum Error Correction in AdS/CFT', *JHEP*, 04:163.

53. Pastawski, F., Yoshida, B., Harlow, D. and Preskill, J. (2015), 'Holographic Quantum Error-correcting Codes: Toy Models for the Bulk/Boundary Correspondence', *JHEP*, 06:149.

尾注

图片版权信息

● Picture Credits

所有彭罗斯图由马丁·布朗和杰克·朱厄尔提供，所有其他插图由马丁·布朗和©哈珀·柯林斯出版社提供，以下图片除外：

Figure	Credit
1.1	European Southern Observatory/EHT Collaboration/Science Photo Library
3.1	M.C. Escher's *Hand with Refl ecting Sphere* © 2022 Th e M.C. Escher Company-Th e Netherlands. All rights reserved. www.mcescher.com
4.1	meunierd/Shutterstock
5.4	Wendy lucid2711/Shutterstock, annotated by Martin Brown
5.6	Film still from *Father Ted*, series 2, episode 1 © Hat Trick Productions
6.8	Illustrations by Jack Jewell
7.8	Figure 33.2 from *Gravitation* by Charles W. Misner, Kip S. Th orne and John Archibald Wheeler, page 908. Published by Princeton University Press in 2017. Reproduced here by permission of the publisher.

303

索引

● Index

图书在版编目（CIP）数据

黑洞 /（英）布莱恩·考克斯,（英）杰夫·福修著；
耿率博,张建东,尹倩青译.-- 长沙：湖南科学技术出
版社,2024.11.-- ISBN 978-7-5710-3141-1

Ⅰ. P145.8-49

中国国家版本馆CIP数据核字第202426W0B6号

著作版权登记号：18-2024-218

HEIDONG
黑洞

著　者：[英]布莱恩·考克斯　[英]杰夫·福修
译　者：耿率博　张建东　尹倩青
出 版 人：潘晓山
总 策 划：陈沂欢
策划编辑：宫　超　责任编辑：李文瑶
特约编辑：焦　菲　图片编辑：贾亦真
版权编辑：刘雅娟　责任美编：彭怡轩
地图编辑：程　远　彭　聪
营销编辑：王思宇　郑冉钰
装帧设计：李　川
特约印制：焦文献
制　　版：北京美光设计制版有限公司
出版发行：湖南科学技术出版社
地　　址：长沙市开福区泊富国际金融中心 40 楼
网　　址：http://www.hnstp.com
湖南科学技术出版社天猫旗舰店网址：
　　　　　http://hnkjcbs.tmall.com
邮购联系：本社直销科 0731-84375808
印　　刷：北京华联印刷有限公司
版　　次：2024 年 11 月第 1 版　　印　次：2024 年 11 月第 1 次印刷
开　　本：889mmm×1194mm 1/32　印　张：9.75
字　　数：180 千字
审 图 号：GS 京（2024）1861 号
书　　号：ISBN 978-7-5710-3141-1
定　　价：88.00 元